西电科技专著系列丛书

U0379163

基于深度学习的多极化合成孔径雷达图像解译

Polarimetric SAR Image Interpretation based on Deep Learning

刘红英　焦李成　尚凡华　著
王　爽　杨淑媛

西安电子科技大学出版社

内 容 简 介

本书主要讨论多极化合成孔径雷达图像的图像解译方法，重点是地物分类和识别方法，书中利用深度学习的先进模型和方法解决少样本的地物分类问题，获得较高的分类精确度。本书引入了作者团队最新的科研成果，由浅入深地介绍了 5 个深度学习方法，包括稀疏滤波和近邻保持的深度学习方法、距离度量的深度学习方法、半监督卷积神经网络的深度学习方法、半监督生成对抗网络的深度学习方法和图卷积网络的深度学习方法以及相应的训练策略和分类方法，解决少样本的多极化合成孔径雷达图像的地物分类问题。介绍方法时均给出了真实的合成孔径雷达数据集上的实验结果，以验证所述方法能提升地物分类的正确率和效率。

本书适合作为合成孔径雷达图像处理、识别、数据处理方向的研究生教材，也适合作为相关专业研究人员的参考书。

图书在版编目(CIP)数据

基于深度学习的多极化合成孔径雷达图像解译/刘红英等著. —西安：西安电子科技大学出版社，2023.7
ISBN 978 - 7 - 5606 - 6202 - 2

Ⅰ. ①基⋯ Ⅱ. ①刘⋯ Ⅲ. ①合成孔径雷达—图像处理 Ⅳ. ①TN958

中国国家版本馆 CIP 数据核字(2023)第 062376 号

策　　划　刘小莉
责任编辑　刘小莉
出版发行　西安电子科技大学出版社(西安市太白南路 2 号)
电　　话　(029)88202421　88201467　　邮　编　710071
网　　址　www. xduph. com　　　　　　电子邮箱　xdupfxb001@163.com
经　　销　新华书店
印刷单位　西安日报社印务中心
版　　次　2023 年 7 月第 1 版　2023 年 7 月第 1 次印刷
开　　本　787 毫米×960 毫米　1/16　印张　7.25
字　　数　126 千字
印　　数　1～1000 册
定　　价　32.00 元
ISBN 978 - 7 - 5606 - 6202 - 2/TN

XDUP 6504001 - 1

＊＊＊如有印装问题可调换＊＊＊

前　　言

合成孔径雷达(SAR)是当下遥感领域最先进的传感器之一,它具备了全天候、全天时、多波段、多极化等独特的成像特质,能够提供高分辨率的图像。通过对多极化合成孔径雷达图像进行解译可以获取大量有价值的信息,尤其是多极化 SAR 图像的地物分类,作为 SAR 图像解译的重要研究内容,已被广泛应用于地球资源勘察等军事系统及民用系统。针对多极化 SAR 图像的分类,所应用的机器学习方法可分为无监督、有监督和半监督 3 种。无监督分类方法没有使用任何标记信息,往往模型简单,且正确率较低。有监督分类方法则需要大量带标记的样本数据,而标记样本的获取需要耗费大量人力物力。半监督分类方法结合了无监督和有监督分类方法的优点,仅仅利用少量的标记样本就能得到良好的分类效果。传统的半监督分类方法虽然有初步的成效,但是效率较低,并不利于实际应用,并且所需的特征以人工的方式来提取,其分类结果在很大程度上依赖于所提取特征的质量。作为人工智能的一个重要分支,深度学习能够自动地提取目标数据的抽象内在特征,并且在自然图像处理中已经得到广泛的应用和发展,但现有的深度学习网络和模型在标记样本较少的情况下,模型容易因训练不足而产生过拟合,很难得到较好的分类结果。鉴于以上因素,本书提出了多种半监督的深度学习模型与算法,用于多极化 SAR 图像的地物分类,多个数据集上的实验结果表明所提算法能显著提升地物分类的效率和正确率。

本书共 6 章,分 3 个部分。其中第 1 部分即第 1 章,讲述多极化合成孔径雷达图像解译问题的研究背景,以及地物分类的主要方法(即按照机器学习范式可以分为无监督、有监督和半监督分类方法),分别阐述每种方法的主要思路和代表算法,并且适当举例说明。第 2 部分是进阶部分,包括第 2 章和第 3 章,主要阐述两种基本的以全连接为代表的深度学习方法。第 2 章是基于稀疏滤波处理和样本近邻保持性质的深度学习方法,第 3 章是基于距离度量学习的深度学习方法用于地物分类。第 3 部分是目前用于地物分类的最新的网络架构,包括第 4 章的半监督卷积神经网络,第 5 章的半监督生成对抗网络和第 6 章的图卷积网络架构。这 3 部分内容都是作者团队独创的最新科研成果,用基于基本的网络架构开发的半监督深度学习模型和算法来解决地物分类中的小样本问题(所谓小样本,即样本或者像素中标记的样本很少,比如每类只有几个样本)。本书不仅包含深度学习架构的描述、其他机器学习方法的贯穿,还有针对具体数据的实验结果和分析、网络参数设置的讨论,以及应用于其他数据时参数设置的经验等。

感谢西安电子科技大学人工智能学院焦李成教授、尚凡华教授、王爽教授、杨淑媛教授对本书的大力支持。参加本书编写的有硕士研究生闵强、王飞祥、王志等同学。感谢西安电子科技大学出版社的刘小莉编辑对本书提出有益的修改建议。

本书来源于作者的最新科研成果,由于时间仓促,书中难免有不足之处,欢迎广大读者提出宝贵意见。作者邮箱:hyliu2009@foxmail.com。

刘红英
2022 年 10 月 28 日
于西安

目　　录

第 1 章　概　　论

1.1　研 究 背 景

合成孔径雷达[1-2](Synthetic Aperture Radar，SAR)的出现，打破了传统雷达分辨率的限制和不足。SAR 是一种基于主动式微波成像的高分辨率雷达，相比于光学系统成像而言，其电磁波信号由雷达系统主动发射，之后通过分析所接收的回波信号来检测地面物体。可以全天时、不间断地在各种极其恶劣气候条件下工作，是合成孔径雷达的主要优势。SAR 能穿透云雾对目标进行实时有效的观测，并获取重要相关的信息。SAR 的另一大优点是图像分辨率高，即使是在能见度极低的情况下，也能实现高分辨率成像。这些优点使得 SAR 在军事侦察、土地勘察、森林灾害研究、城市规划和海洋资源利用等军事和民用领域都已发挥了不可或缺的作用[3]。

SAR 首次得到应用是被装载在 RB-47A 和 RB-57D 战略侦察飞机上，用于目标的检测，这标志着 SAR 从理论研究到实际应用的质的飞跃，极大地带动了各国对合成孔径雷达技术的研究和创新。在 20 世纪 70 年代末期，由美国研发的被命名为 Seasat-A[4]的海洋卫星成功发射，预示着 SAR 理论技术的发展步入了一个崭新的阶段，也标志着 SAR 已经实现了在外太空领域进行监测的功能。与此同时，其他各国学者专家也取得巨大的成果，各国合成孔径雷达卫星系统相继问世。我国在合成孔径雷达理论研究方面也取得了突出的成绩，并在 21 世纪初自主研发了我国第一个星载 SAR 系统[5]。

经过几十年的不断发展，合成孔径雷达的理论技术得以不断完善和创新，并已广泛应用于各个领域。但是，传统的 SAR 系统是在单通道单极化模式下进行成像工作的，因此对地物信息的获取非常有限。为了研究不同极化方式下不同地物的散射特性，充分获取地物所蕴含着的丰富信息，人们开始关注并重点研究多极化合成孔径雷达[6-7](Polarimetric Synthetic Aperture Radar，PolSAR)。PolSAR技术是合成孔径雷达向多功能发展的一个重要内容，它提取目标信息的能力相比于传统 SAR 有了有效提升，也是提升目标分类的准确度的强有力工具。根据雷达所发射和接收电磁波的通道方向[包括水平方向(H)和垂直方向

(V)]的不同，极化方式被划分为四种形式[7]，分别为 HH、VV、HV 和 VH。其中，在相同的发射和接收情况下的极化称为同向极化，否则称为异向极化。作为一种更为先进的微波成像系统[1, 3]，PolSAR 依据不同的极化方式对地物进行成像，以此来对地物的各种散射性质的参数进行解译，进而提取出更为细致的地物信息。这些细致的地物信息对地物分类具有很大的影响。

1.1.1 多极化 SAR 数据的表示形式

所谓多极化，是指使用一矢量场来表述空间某一个固定点所观测的矢量随时间变化的特征。多极化 SAR 就是通过对不同极化方式下的电磁信号进行收发来完成目标探测的技术，利用该技术所获取的数据具有多通道、信息量大的特点。对于多极化 SAR 数据分类研究而言，极化散射体的数据通常可以用 3 种不同的矩阵形式来表述，分别是极化散射矩阵 S、极化协方差矩阵 C 及极化相干矩阵 T。

1. 极化散射矩阵表示形式

极化散射矩阵最早是由 George Sinclair 于 1948 年提出的[8]，故也称为 Sinclair 散射矩阵。散射矩阵本质上就是对单个像素的多极化散射特性的一种简单表示方法，其中包含了目标的全部极化信息。对发射和接收电磁波分别可以表示为

$$E^t = E_V^t u_V + E_H^t u_H \quad 和 \quad E^r = E_V^r u_V + E_H^r u_H \tag{1-1}$$

其中，E^t 和 E^r 中的字母 t 和 r 分别表示电磁波的发射和接收，u_V 和 u_H 表示两个相互正交的单位向量(H 和 V 分别对应着极化方向为水平方向和垂直方向极化)。那么，E^t 和 E^r 之间的关系可以表示为

$$\begin{bmatrix} E_H^r \\ E_V^r \end{bmatrix} = \frac{e^{jk_0 r_0}}{r_0} \times \begin{bmatrix} S_{HH} & S_{HV} \\ S_{VH} & S_{VV} \end{bmatrix} \times \begin{bmatrix} E_H^t \\ E_V^t \end{bmatrix} \tag{1-2}$$

其中，r_0 代表散射目标与接收天线之间的距离，k_0 代表电磁波信号的波数。S_{HH}、S_{HV}、S_{VH} 及 S_{VV} 分别是不同收发方式下极化波的散射系数。因此，极化散射矩阵可以用一个 2×2 复数矩阵 S 来表示。S 在线性极化基下的形式为

$$S = \begin{bmatrix} S_{HH} & S_{HV} \\ S_{VH} & S_{VV} \end{bmatrix} \tag{1-3}$$

式(1-3)中，S_{HH} 和 S_{VV} 为同极化分量，表示对应的电磁波的发射和入射具有相同的极化模式；S_{HV} 和 S_{VH} 为交叉极化分量，表示对应的电磁波的发射和入射极化是正交的。

2. 极化协方差矩阵表示形式

在满足介质互易、收发同置（发射与接收同位置)的条件下，极化散射矩阵 S

是复对称的，即 $S_{HV}=S_{VH}$。在 Lexicographic 矩阵基下，极化散射矩阵 $\boldsymbol{S}$ 可被向量化为目标散射矢量 $\boldsymbol{k}_L$：

$$\boldsymbol{k}_L = \begin{bmatrix} S_{HH} & \sqrt{2}S_{HV} & S_{VV} \end{bmatrix}^T \tag{1-4}$$

其中，$\sqrt{2}$ 是为了保证目标散射矢量 $\boldsymbol{k}_L$ 与极化散射矩阵 $\boldsymbol{S}$ 所具有的总功率相同。那么，极化协方差矩阵 $\boldsymbol{C}$ 可以表示为

$$\boldsymbol{C} = \langle \boldsymbol{k}_L \boldsymbol{k}_L^{*T} \rangle = \begin{bmatrix} \langle |S_{HH}|^2 \rangle & \sqrt{2}\langle S_{HH}S_{HV}^* \rangle & \langle S_{HH}S_{VV}^* \rangle \\ \sqrt{2}\langle S_{HV}S_{HH}^* \rangle & 2\langle |S_{HV}|^2 \rangle & \sqrt{2}\langle S_{HV}S_{VV}^* \rangle \\ \langle S_{VV}S_{HH}^* \rangle & \sqrt{2}\langle S_{VV}S_{HV}^* \rangle & \langle |S_{VV}|^2 \rangle \end{bmatrix} \tag{1-5}$$

由式（1-5）可以看出，极化协方差矩阵 $\boldsymbol{C}$ 可以完整地描述不同极化方式间的所有组合关系。其中，$\langle \cdot \rangle$ 表示假设随机散射介质是各向同性下的时间或空间统计平均，这有利于对多极化 SAR 系统中所形成的相干斑进行抑制，$^{*}T$ 表示对向量矩阵进行复共轭转置操作。

3. 极化相干矩阵表示形式

极化相干矩阵是基于 Pauli 基矩阵[9]的，每个 Pauli 基矩阵对应着一种基本的散射机制，可以用来更好地解释散射机理。极化散射矩阵在 Pauli 矩阵基下可以被表示为目标散射矢量 $\boldsymbol{k}_P$：

$$\boldsymbol{k}_P = \frac{1}{2}\text{Trace}(S\psi) = \frac{1}{\sqrt{2}} \begin{bmatrix} S_{HH}+S_{VV} & S_{HH}-S_{VV} & S_{HV}+S_{VH} & j(S_{HV}-S_{VH}) \end{bmatrix}^T \tag{1-6}$$

其中，Trace 表示对矩阵的迹进行求解运算；ψ 为 Pauli 基矩阵，其形式如下：

$$\psi = \begin{bmatrix} \sqrt{2}\begin{bmatrix} 1 & 0 \\ 0 & 1 \end{bmatrix} & \sqrt{2}\begin{bmatrix} 1 & 0 \\ 0 & -1 \end{bmatrix} & \sqrt{2}\begin{bmatrix} 0 & 1 \\ 1 & 0 \end{bmatrix} & \sqrt{2}\begin{bmatrix} 0 & -i \\ i & 0 \end{bmatrix} \end{bmatrix} \tag{1-7}$$

在互易介质条件下，其目标散射矢量 $\boldsymbol{k}_P$ 可简化为

$$\boldsymbol{k}_P = \frac{1}{\sqrt{2}} \begin{bmatrix} S_{HH}+S_{VV} & S_{HH}-S_{VV} & S_{HV}+S_{VH} \end{bmatrix}^T \tag{1-8}$$

由此可以计算出极化相干矩阵 $\boldsymbol{T} = \langle \boldsymbol{k}_P \boldsymbol{k}_P^{*T} \rangle$：

$$\boldsymbol{T} = \frac{1}{2} \begin{bmatrix} \langle |S_{HH}+S_{VV}|^2 \rangle & \langle (S_{HH}+S_{VV})(S_{HH}-S_{VV})^* \rangle & \langle 2(S_{HH}+S_{VV})S_{HV}^* \rangle \\ \langle (S_{HH}-S_{VV})(S_{HH}+S_{VV})^* \rangle & \langle |S_{HH}-S_{VV}|^2 \rangle & \langle 2(S_{HH}-S_{VV})S_{HV}^* \rangle \\ \langle 2S_{HV}(S_{HH}+S_{VV})^* \rangle & \langle 2S_{HV}(S_{HH}-S_{VV})^* \rangle & \langle 4|S_{HV}|^2 \rangle \end{bmatrix} \tag{1-9}$$

极化相干矩阵常常被用作极化数据分解和极化数据相关性分析的基础矩阵。极化相干矩阵与极化协方差矩阵是基于不同基下的矩阵，且它们之间存在特殊

的酉变换可以进行相互转换，其公式是 $\mathbf{T}=\mathbf{XCX}^{\mathrm{T}}$，其中 $\mathbf{X}$ 为

$$\mathbf{X}=\frac{1}{\sqrt{2}}\begin{bmatrix} 1 & 0 & 1 \\ 1 & 0 & -1 \\ 0 & \sqrt{2} & 0 \end{bmatrix} \tag{1-10}$$

1.1.2 多极化 SAR 数据的极化特征

特征提取是多极化 SAR 数据分类过程中最为关键的步骤。常见的多极化 SAR 特征包括极化特征、统计特征、纹理特征、颜色特征和空间结构特征。而极化特征是多极化 SAR 数据分类中最为常用的特征，其大致可以分为两类：

一类是基于原始多极化 SAR 数据的参数[10]，也称为原始参数，是直接从多极化 SAR 数据中的元素或者其变换中所获取的特征。这些特征包括：极化相干矩阵 $\mathbf{T}$ 的主对角线元素 T_{11}、T_{22} 和 T_{33}，这些参数包含了同极化后向散射系数；极化相干矩阵 $\mathbf{T}$ 的上三角中非对角元素 $|T_{12}|$、$|T_{13}|$、$|T_{23}|$，$\angle T_{12}$、$\angle T_{13}$ 和 $\angle T_{23}$，其中 $|\cdot|$ 和 $\angle$ 分别表示取幅度和相位，这些参数表示了交叉极化后向散射系数的幅度和相位。同理可得到极化协方差矩阵 $\mathbf{C}$ 中的元素所对应的幅度和相位，极化通道相关系数的对数 $10\log T_{33}/T_{11}$、$10\log T_{22}/2T_{11}$ 和 $10\log T_{22}/2T_{33}$，总功率 Span 的值 $T_{11}+T_{22}+T_{33}$，还有去极化率 $T_{22}/2(T_{11}+T_{33})$。

另一类是基于极化目标分解所得到的特征，就是通过将极化目标数据分解为不同的分量，用以表征散射体的物理机制或几何结构信息。在过去几十年中，已经提出了许多众所周知的目标分解方法，如 Huynen 分解[11]、Freeman-Durden 分解[12]、Yamaguchi 分解[13]、Cloude-Pottier 分解[14]、Pauli 分解[15] 和 Cameron 分解[16] 等。其中，Freeman-Durden 分解方法以物理实际为基础，在极化协方差矩阵 $\mathbf{C}$ 形式下，将目标分解为 3 种散射机制：由一阶 Bragg 表面散射而形成的面散射、由一对不同介电常数的正交平面所构成的偶次反射或二次反射以及由植被冠层定向偶极子所形成的体散射；Yamaguchi 分解在 Freeman-Durden 分解的基础上，引入了螺旋体散射，该散射成分主要出现在非均匀区域（复杂形状的目标或城市区域），形成四分量模型分解；Cloude-Pottier 分解是应用于多极化 SAR 分类中的最为广泛的特征提取方法，利用相干矩阵特征值及特征向量，特征矢量分析提出了熵 H、平均散射 α 角和各向异性系数 A，分别表达了散射随机程度、散射性质和次级散射机制的相对重要程度；Cameron 分解是基于散射矩阵的相干分解所提出的方法，其提供了散射目标结构的物理信息，对于人工目标和自然目标的检测非常有效。

1.2 多极化 SAR 地物分类方法

多极化 SAR 图像分类是多极化 SAR 图像解译的关键步骤，也是对多极化 SAR 数据处理的热门研究方向。多极化 SAR 图像分类本质上是对单张图像中的所有像素进行判定并确定其所属类别。根据对标记样本的数量比例的使用情况，可以将多极化 SAR 分类方法大致分为无监督、有监督以及半监督 3 种。近些年，半监督分类方法突破了过度依赖标记样本数量的限制，并提升了分类性能，逐渐受到研究学者的青睐，成为了多极化 SAR 分类的主流研究方向。

1.2.1 无监督分类方法

无监督分类方法是在没有任何标记信息辅助下完成对数据的分类任务的，主要依赖数据内在的不同特征将像素分离为所属类型。比如，Cloude 和 Pottier 根据极化相干矩阵 T 的特征值及对应的特征向量分解得到极化熵值 H 和平均散射角 α 来描述目标散射机理[17]，以 H/α 值所构成的平面将地物大致分为 8 类；Lee 等将 H/α 方法的分类结果与 Wishart 最大似然分类器相结合，提出了 H/α-Wishart算法[18]，该算法利用数据的统计特性对分类结果进一步迭代，使得无监督分类方法的性能得到有效提升；之后，Ferro-Famil 等人提出了用于多频多极化 SAR 数据的 $H/A/\alpha$-Wishart 算法[19]，考虑了各向异性系数 A，将地物大致分为 16 类，再用 Wishart 聚类到所需要类别数；为了使各类目标中所具有的物理散射特性得到充分有效的利用，Lee 等人将 Freeman 分解和 Wishart 分类器结合构建了新的分类方法[20]，该方法先使用 Freeman 分解把地物划分为 3 大类，再用聚类方法将每大类划分为 30 小类，最后用 Wishart 迭代聚类并对每小类进行适当的合并聚类，该方法不仅较好地保持了地物的物理散射特性，也使其收敛性和稳定性得到较优的提升。

以上都是基于目标统计或者电磁散射特性而提出的方法，下面介绍基于机器学习理论提出的方法。例如，Ersahin 等[21]提出了谱聚类方法，其借助空间近邻的关系，基于区域设置的轮廓信息进行分割，再利用图划分进行分类，其分类性能要优于 Wishart 分类器。Kim 等[22]利用四元数自编码器对极化特征进行提取，再实施标记化处理，使得分组对应于人为可理解的地物概念，不必给定人为预设的地物分类情况。Zhong 等[23]提出了基于稀疏度相似性度量的无监督分类方法，可以根据自调整的谱聚类以及模型选择的办法来确定最优的聚类数目。

1.2.2 有监督分类方法

有监督分类方法利用大量标记样本来训练分类器，进而对无标记样本数据

5

进行预测分类，这种分类方法的性能要优于无监督分类方法。例如，2001 年，Fukuda 等[24]将传统的机器学习算法支持向量机(SVM)应用到多极化 SAR 图像分类中，SVM 可以利用各种类型的特征，并且具有良好的分类结果以及泛化能力，在多极化 SAR 领域已经被广泛应用[25-26]。机器学习方法中 Boosting[27]、随机森林[28]也相继应用到多极化 SAR 数据分类上。Huang 等[29]提出了基于张量局部判别嵌入(TLDE)的监督方法，其利用空间和极化信息去构造 3 阶张量结构，然后再通过 TLDE 进行降维处理后分类。Zhang 等[30]提出了基于核稀疏表示的多极化 SAR 分类方法，利用训练样本的特征向量构造一个过完备的字典并获得相对应的稀疏系数，再使用最小残差的准则确定最终类结果。Zhou 等[31]直接从多极化相干矩阵提取 6 维实值向量，再利用卷积网络对数据进行特征的提取以及分类。

1.2.3　半监督分类方法

在多极化 SAR 数据分类的实际应用中，数据中标记样本往往比较少，并且获取难度大，而无标记样本却比较充足且获取容易。因此，半监督分类方法的思想得到研究者的关注，它有效结合了无监督与有监督的优点，仅仅利用少量的标记样本和大量无标记样本所反映的数据内在结构特征来进行训练分类。Hua 等[32]提出了改进的协同训练半监督多极化 SAR 分类方法，其先对数据进行超像素分割处理，再结合所提出的样本挑选策略去协同训练模型。Wei 等[33]提出了一种基于超图学习的半监督分类方法，其分类正确率得到有效提升，但是在构造超图时其计算会耗费大量的时间。Liu 等[34]考虑了邻域信息，提出基于邻域约束的半监督分类方法，此方法所提取的特征不仅具有很好的判别性，还保持了数据的结构信息，并且对噪声不敏感，但会使分类边界上的像素点难以得到正确的划分。Hou 等[35]提出了鲁棒的半监督概率图分类方法，针对标记样本在人工进行标记时易受噪声干扰而导致质量不高的问题，先通过字典学习出低质量样本的高级特征，再通过生成/判别混合模型框架进行分类。Xie 等[36]在自编码和卷积自编码网络训练过程中引入基于 Wishart 距离度量的方法来实现对特征的无监督提取。Liu 等[37]提出了一种将深度稀疏滤波网络和近邻保持相结合的半监督分类方法，在稀疏滤波网络的预训练过程中，引入近邻保持正则项，用来优化网络的权重，提升分类正确率。Hou 等[38]提出了一种多层自动编码器和超像素分割结合的分类方法，该方法充分利用了每个像素的散射特性和多极化 SAR 数据的空间信息，先用超像素方法得到数据空间信息，再利用多层自动编码器网络学习可区分性特征，并用 Softmax 分类器预测每个像素的概率分布，最后，将概率分布视为新的概率度量，并引入 k 近邻方法，以提高基于超像素的分类精度。

Liu 等[39]利用全卷积的生成对抗网络对抗学习，用少量的标记样本得到了更高的分类精度。

1.3　本 章 小 结

多极化 SAR 图像分类任务是多极化 SAR 图像解译的关键内容，其研究具有重要的现实意义。本章对相关理论知识基础进行介绍，主要介绍了多极化 SAR 数据的基础知识，包括在多极化 SAR 分类中常用到的多极化 SAR 数据的 3 种表示形式以及多极化特征，最后，对多极化 SAR 分类方法作了简单归类总结。

第 2 章　基于稀疏滤波和近邻保持的深度学习方法

多极化合成孔径雷达（PolSAR）图像的分类中，传统的机器学习方法已经取得了突破性的成果，例如支持向量机[40]、Wishart 最大似然[42]等方法。但这些分类方法大多依赖于人工的方式对目标的特征进行提取，费时费力，无论是通过各种分解方法还是依据其纹理、灰度等性质，都不一定能够取得令人满意的特征。深度学习是一种新的机器学习方法，也是一种有效的特征提取方法。对于多极化 SAR 图像分类，深度学习能够自主地从多极化 SAR 图像数据中学习到可以蕴含其内在属性的高级特征，学习到的特征是抽象的分层特征，能够有效地运用于目标分类或者预测等研究。但是常见的深度模型[41]参数调节困难且忽略了数据样本之间的流形结构，本章将介绍一种基于稀疏滤波和近邻保持的深度学习方法。

2.1　背景与相关工作

2.1.1　多极化 SAR 数据预处理

在单站（发射与接收同位置）情况下，多极化 SAR 数据根据不同的散射特征可以表示为极化散射矩阵、协方差矩阵、Stokes 矩阵、相干矩阵等。（本文的实验数据都是根据多极化 SAR 图像数据的极化协方差矩阵和极化相干矩阵转变而来的。）

为了能够让多极化 SAR 数据输入到实值的深度网络中，我们将极化相干矩阵转化为一个实向量：

$$V = (T_{11}, T_{22}, T_{33}, |T_{12}|, |T_{13}|, |T_{23}|) \tag{2-1}$$

将多极化 SAR 图像的每一个像素点的极化相干矩阵都转化为向量 V，就可以得到一个 6 维的数据集。这种向量转换并没有改变数据内在的极化散射特性，可以较为方便地应用于多极化 SAR 图像分类任务中。

2.1.2　稀疏滤波

随着对深度学习的不断研究，已经出现了许多非常实用且有效的深度网络结构，如第 1 章所列举的几种经典的深度模型。虽然这些深度模型都有着较为稳定的性能，对于许多任务也能取得非常不错的效果，但问题是，这些模型的性能依赖于网络参数的调节，如学习速率、权重衰减系数、卷积核大小等，而参数的调节往往需要经过反复的迭代优化，对于个别参数的优化通常需要进行交叉验证，所以需要花费大量的时间，参数的选择不当或者调节不当都可能导致网络的性能大大降低，从而得不到理想的分类结果。本章提出的深度稀疏滤波网络（Deep Sparse Filtering Network，DSFN）是在稀疏滤波的基础上改进而成的新型深度学习模型。其特点之一是只需要调节很少的参数，对于单层的稀疏滤波甚至只需要调节其输出节点个数。稀疏滤波（Sparse Filtering，SF）[43] 的核心思想就从数据的稀疏性表达入手，通过简单的 L1 范数来约束其稀疏性。稀疏滤波的特点之二是没有对数据的特征分布进行显式建模，故可根据数据类型来自由地选择特征分布函数，从而得到优秀的特征表达。

对于稀疏滤波的实现，我们假设样本数据的特征分布矩阵为 f，对于拥有 M 个样本的数据，每个样本的特征维数为 L，则 $f \in \mathbf{R}^{L \times M}$。为了约束样本的稀疏性，先对特征分布矩阵 f 的每一行进行归一化，即

$$\widetilde{f}_j = \frac{f_j}{\| f_j \|_2} \quad (j = 1, 2, \cdots, L) \tag{2-2}$$

然后对 f 的每一列进行归一化，即

$$\hat{f}^{(i)} = \frac{\widetilde{f}^{(i)}}{\| \widetilde{f}^{(i)} \|_2} \quad (i = 1, 2, \cdots, M) \tag{2-3}$$

对于含有多个特征的样本，两次归一化操作相当于将这些样本都映射到单位球面上。最后通过 L1 范数来约束其稀疏性。假设一个数据集共有 M 个样本，则稀疏滤波的目标函数可以表示为

$$\text{minimize} \sum_{i=1}^{M} \| \hat{f}^{(i)} \|_1 = \sum_{i=1}^{M} \left\| \frac{\widetilde{f}^{(i)}}{\| \widetilde{f}^{(i)} \|_2} \right\|_1 \tag{2-4}$$

这个目标函数可以用 L-BFGS 算法[44] 来优化。

如图 2.1 所示，稀疏滤波的基本原理如下：对于一个二维的样本 a，其所在的特征空间为 X 轴和 Y 轴形成的二维平面。对样本 a 先进行行和列的归一化操作，即相当于将该样本映射至单位圆上，然后利用 L1 范数对其稀疏性进行优化。将样本 a 的 Y 轴方向的特征值增大，即如图中矩形向三角形转变，由于归一化会使其向单位圆映射，我们发现映射后的样本在 X 轴方向的特征值变小了，这表明稀疏滤波的归一化操作会导致同一样本的不同特征之间存在竞争关系。当样本的某个特征值分量增大时，会导致其余的特征值分量减小；而当某个特征值分量减小时，其余的特征值分量也会相应增大。对于 $\hat{f}^{(i)}$，求其 L1 范数的极小

值，就是使归一化映射之后的特征尽可能多地接近 0，这就促使一些特征值变大，而其余的特征值都变得很小，甚至为 0。所以稀疏滤波的目标函数会使得样本的特征稀疏化，体现出特征的稀疏性。

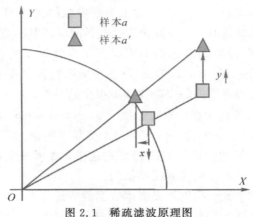

图 2.1　稀疏滤波原理图

2.2　方法原理

本章提出了基于稀疏滤波的半监督深度学习方法，考虑到深度学习在特征学习方面有着显著的优势，我们在原有的稀疏滤波基础上拓展出了深度稀疏滤波网络，学习多极化 SAR 数据更为抽象的特征表达，以提高地物分类的精度。考虑到多极化 SAR 数据的相干矩阵服从 Wishart 分布[45]，所以可以利用数据之间的 Wishart 距离求得其对应的近邻关系，在预训练的过程中，加入近邻保持（流形学习）正则项，从而优化整个网络的权值，更好地实现对于多极化 SAR 图像的地物分类。

2.2.1　深度稀疏滤波网络

基于稀疏滤波，我们利用逐层贪婪的方法对网络进行预训练并采用 BP 算法微调网络参数，将稀疏滤波网络拓展为深度稀疏滤波网络。$x_i \in \mathbf{R}^{S_1 \times 1}$ 表示网络输入层的第 i 个样本，S_1 表示输入样本的维数，$i = 1, 2, \cdots, N$，N 表示输入样本个数。W^1 表示输入层和网络第二层（也就是网络的第一个隐层）之间的连接权重矩阵，$W^1 \in \mathbf{R}^{S_2 \times S_1}$（$S_2$ 表示网络第二层的节点数）。z_i^k 表示在第 k 层中第 i 个样本的总加权和。对于输入层 $z_i^1 = x_i (i = 1, 2, \cdots, N)$，设 b^k 表示第 k 个隐层（网络第 $k+1$ 层）的偏置单元，$z_i^2 = W^1 x_i + b^1$，则网络第一个隐层的输出为

$$h^1(x_i) = \phi(W^1 x_i + b^1) \quad (i = 1, 2, \cdots, N) \tag{2-5}$$

其中，$\phi(\cdot)$ 表示激活函数，由于稀疏滤波的激活函数没有固定的形式，所以可以根据不同的数据样本自由地选择合适的前向传播函数。在我们的方法中，传统的非线性 sigmoid 函数被选择为激活函数，即

$$\phi(z) = (1 + \exp(-z))^{-1} \tag{2-6}$$

第 $k(k \geqslant 2)$ 个隐层的输出可以表示为

$$h^k(\boldsymbol{x}_i) = \phi(\boldsymbol{W}^k h^{k-1}(\boldsymbol{x}_i) + \boldsymbol{b}^k) \quad (i = 1, 2, \cdots, N) \tag{2-7}$$

其中，$\boldsymbol{W}^k$ 表示第 $k-1$ 个隐层和第 k 个隐层之间的权重矩阵，$\boldsymbol{W}^k \in \mathbf{R}^{S_{k+1} \times S_k}$，$S_k$ 表示网络第 $k-1$ 个隐层的节点数。第 k 个隐层的稀疏滤波目标函数可以表示为

$$\operatorname*{minimize}_{\boldsymbol{W},\,\boldsymbol{b}} \sum_{i=1}^{N} \parallel \hat{h}^k(\boldsymbol{x}_i) \parallel_1 = \sum_{i=1}^{N} \left\| \frac{\widetilde{h}^k(\boldsymbol{x}_i)}{\parallel \widetilde{h}^k(\boldsymbol{x}_i) \parallel_2} \right\|_1 \tag{2-8}$$

为了进一步提高分类结果，我们利用少量的有标记样本来对整个深度稀疏滤波网络进行微调。Softmax 模型[46]能够处理多类问题，在这里被用来与深度稀疏滤波网络相结合从而对网络进行微调。Softmax 的输出 $\boldsymbol{q} \in \mathbf{R}^{P \times 1}$，$P$ 表示为类别数，样本 $\boldsymbol{x}_i$ 的类别 y_i 可以表示为

$$y_i = \operatorname*{argmax}_j q_j \tag{2-9}$$

其中，q_j 表示样本每个类别的置信度。

2.2.2　近邻保持正则项

稀疏滤波只是单纯考虑了样本自身的特征稀疏性，忽略了样本与样本之间的相互关联以及多极化 SAR 图像数据的空间信息。为了充分利用数据样本之间的相关性，增强深度网络模型的学习性能，我们尝试在深度稀疏滤波网络中加入一种半监督嵌入算法。在许多的半监督算法中都存在一种重要的流形结构假设：当样本之间具有相同的结构（聚类或者流形）时，通常可能拥有相同的类别标记，即它们很可能属于同一类样本。基于这种假设，我们可以使用那些无标记的样本去学习这些结构，利用正则项来保持输入数据内部结构不变，从而减少标记样本的使用，且对于无标记样本的分类具有一定的指导意义。常见的半监督算法有：cluster kernels[47]，label propagation[48]，LapSVM[49]等。受上述方法的启发，我们在稀疏滤波网络的每一层都加入了流形学习正则项，表达式为

$$\sum_{i,\,j} L(h_i, h_j, A_{ij}) = \sum_{i,\,j} A_{ij} \parallel h_i - h_j \parallel^2 \tag{2-10}$$

其中，h_i、h_j 表示样本 $\boldsymbol{x}_i$、$\boldsymbol{x}_j$ 在网络中的输出，A_{ij} 表示样本 $\boldsymbol{x}_i$ 和 $\boldsymbol{x}_j$ 之间的近邻关系，此正则项的目的在于使互为近邻的样本经过各种映射变换后尽可能保持其近邻关系，所以又将该正则项称为近邻保持正则项。

多极化 SAR 数据的极化相干矩阵 $\boldsymbol{T}$ 服从 Wishart 分布，所以我们可以用样

本间的 Wishart 距离来求取样本的 K 近邻。对于样本 $\boldsymbol{X} = \{\boldsymbol{x}_i\}_{i=1}^n$，我们利用如下公式来求取两点之间的相对距离[18, 50]，表达式为

$$d(\boldsymbol{x}_i, \boldsymbol{x}_j) = \ln((\boldsymbol{x}_i)^{-1}\boldsymbol{x}_j) + \mathrm{Tr}((\boldsymbol{x}_j)^{-1}\boldsymbol{x}_i) - q \qquad (2-11)$$

其中，$\boldsymbol{x}_i$，$\boldsymbol{x}_j$ 表示随机的两个样本数据，$\mathrm{Tr}()$ 表示矩阵的迹。对于发送与接收是一体的雷达，具有互易性，$q=3$；对于发送与接收不是一体的雷达，$q=4$。通过 Wishart 距离 $d(\boldsymbol{x}_i, \boldsymbol{x}_j)$ 的大小近似估算两个样本之间的相似度关系。设 $U(\boldsymbol{x}_i) = \{\boldsymbol{x}_i^{(1)}, \boldsymbol{x}_i^{(2)}, \cdots, \boldsymbol{x}_i^{(M)}\}$ 是 $\boldsymbol{x}_i$ 的 M 个近邻样本的集合。则

$$A_{ij} = \begin{cases} 1, & \boldsymbol{x}_j \in \boldsymbol{U}(\boldsymbol{x}_i) \\ 0, & \text{其他} \end{cases}$$

2.2.3 算法步骤

对于样本数据集 $\boldsymbol{X} = \{\boldsymbol{x}_i\}_{i=1}^N$，其维数为 S_1，$\boldsymbol{x}_i \in \mathbf{R}^{S_1 \times 1}(i=1, 2, \cdots, N)$。已知其类别信息的有标记样本有 L 个，$\boldsymbol{X}_L = \{(\boldsymbol{x}_i, y_i)\}_{i=1}^L$，其中 $\boldsymbol{x}_i$ 表示第 i 个样本，y_i 是 x_i 的类别信息。其余的为无标记样本，记为 $\boldsymbol{X}_U = \{\boldsymbol{x}_i\}_{i=L+1}^N$。

(1) 首先对深度稀疏滤波网络进行预训练，先分别求取每个有标记样本的 M 个 Wishart 近邻样本，则训练样本集为

$$\mathscr{K}_{\mathrm{TR}} = \{\boldsymbol{x}_1, \boldsymbol{x}_2, \cdots, \boldsymbol{x}_L, \boldsymbol{x}_1^{(1)}, \cdots, \boldsymbol{x}_1^{(M)}, \cdots, \boldsymbol{x}_L^{(M)}\} \in \mathbf{R}^{S_1 \times (L+LM)}$$

第 k 个隐层的目标函数可以表示为

$$\underset{\boldsymbol{W}, \boldsymbol{b}}{\mathrm{minimize}} \sum_{i=1}^{L(1+M)} \left\| \frac{\widetilde{h}^k(\boldsymbol{x}_i)}{\|\widetilde{h}^k(\boldsymbol{x}_i)\|_2} \right\|_1 + \frac{1}{LM} \sum_{i=1}^{L} \sum_{j=1}^{M} \frac{\lambda}{2} A_{ij} \| h^k(\boldsymbol{x}_i) - h^k(\boldsymbol{x}_j) \|^2$$

$$(2-12)$$

其中，λ 为正则项参数，$A_{ij} = \begin{cases} 1, & \boldsymbol{x}_j \in \boldsymbol{U}(\boldsymbol{x}_i) \\ 0, & \text{其他} \end{cases}$。该目标函数可以通过 L-BFGS 算法[44]来求解。

式(2-12)的前半部分为稀疏滤波目标函数，后半部分为近邻保持正则项，在利用稀疏滤波学习特征的同时，近邻保持正则项可以有效地保持原始样本的近邻结构，如果两个原始样本为近邻，在经过非线性变换后也要尽可能保持它们的近邻关系。具有 Wishart 近邻关系的两个样本，在一定程度上更加有可能具有相同的类别，保持它们的近邻关系，将更有利于指导最终的分类。两部分共同作用来对深度网络进行预训练，利用逐层贪婪的训练方法[48]，得到网络每层的参数。

(2) 预训练完成后，结合 Softmax 分类器根据下式对深度网络的参数进行 BP 微调：

$$\underset{\boldsymbol{W},\ \boldsymbol{b}}{\text{minimize}}\ \frac{1}{L}\sum_{i=1}^{L}\left(\frac{1}{2}\parallel y_i - h^{n-1}(\boldsymbol{x}_i)\parallel^2\right) + \frac{\beta}{2}\sum_{k=1}^{n}\parallel \boldsymbol{W}^k\parallel_F^2 \qquad (2-13)$$

其中，n 表示网络的总层数，β 为权重衰减项参数。

图 2.2 为本章深度网络模型示意图，网络的输入数据是多极化 SAR 图像的极化相干矩阵 $\boldsymbol{T}$。深度网络共有 n 层，含有 $n-2$ 个隐层，最后一层为 Softmax 分类器构成的输出层。网络的参数通过稀疏滤波和近邻保持共同优化，预训练结束后，通过 BP 算法对整个网络参数进一步微调。算法步骤如表 2.1 所示。

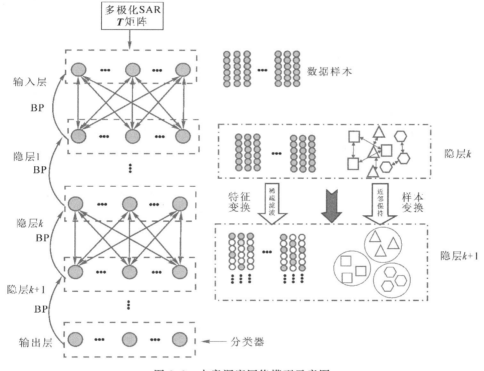

图 2.2　本章深度网络模型示意图

表 2.1　算 法 步 骤

输入	多极化 SAR 图像数据的极化相干矩阵 $\boldsymbol{T}$，部分有标记样本对应的标记信息 $y_i(i=1,\ 2,\ \cdots,\ L)$，样本的类别数为 P
输出	测试样本的标记信息 $y_i(i=L+1,\ L+2,\ \cdots,\ N)$
步骤 1	将多极化 SAR 数据的 $\boldsymbol{T}$ 矩阵向量化，得到样本数据 $\boldsymbol{x}_i(i=1,\ 2,\ \cdots,\ N)$
步骤 2	在所有样本数据中分别求取有标记样本 $\boldsymbol{x}_i(i=1,\ 2,\ \cdots,\ L)$ 的 M 个 Wishart 近邻样本 $\boldsymbol{x}_i^{(j)}(j=1,\ 2,\ \cdots,\ M)$

步骤 3	将有标记样本及其近邻样本送入到深度稀疏滤波网络中进行预训练，训练样本数据集为 $S_{TR} = \{x_1, x_2, \cdots, x_L, x_1^{(1)}, \cdots, x_1^{(M)}, \cdots, x_L^{(M)}\} \in \mathbf{R}^{S_1 \times (L+LM)}$。采用逐层贪婪的预训练方法，根据式（2-12）训练完所有的隐层，得到隐层的参数
步骤 4	利用 BP 算法对深度网络进行微调，根据式（2-13）进一步优化整个网络的参数
步骤 5	利用 Softmax 分类器对测试样本的类别进行预测
步骤 6	根据步骤 5 的预测结果绘制分类结果图和各类的分类正确率表

2.3　实验结果与分析

在本章实验中，所采用的实验数据来自于 6 种多极化 SAR 图像，包括一种仿真数据和 5 种真实的实验数据。

仿真数据是基于 Monte-Carlo（蒙特卡洛）方法合成的 12 视全极化 SAR 数据，大小为 120×150，包含 9 类地物，分别用 C1 至 C9 表示。

5 种真实数据由三种不同系统获得：

（1）NASA/JPL AIRSAR 系统：荷兰 Flevoland 地区的多极化 SAR 数据，类别数为 15 类，图像大小为 750×1024，分辨率为 12×6 m；荷兰 Flevoland 地区的子图，图像大小为 300×270，只包含大图中的 6 种不同的地物。

（2）RADARSAT-2 系统：美国 San Francisco 地区的多极化 SAR 数据，图像大小为 1300×1300，数据包含 5 种地物，分别为 Water、Vegetation、Low-Density Urban、High-Density Urban、Developed；西安地区的多极化 SAR 数据，类别数为 5 类，分别为 City、Water、Grass、Bridge、Crop，图像大小为 512×512。

（3）EMISAR 系统：丹麦 Foloum 地区的多极化 SAR 数据，类别数为 5 类，包括 Winter Wheat、Rye、Water、Coniferous 以及 Oat，图像大小为 943×1015。

为了检验本章提出的深度学习方法的分类性能，将与 5 种近期应用于多极化 SAR 分类的深度学习方法进行对比。其中包括卷积神经网络（CNN）[51]、稀疏自编码器（SAE）[41]、基于 Wishart RBM 的深度信念网络（WDBN）[52]、近邻保持深度神经网络（NPDNN）[40]以及本章算法的前期工作，不加近邻保持正则项的深度稀疏滤波网络（DSFN）[37]。

这 5 种算法的实验参数设置如下：

（1）CNN：有 2 个卷积层，第一个卷积层的滤波器大小为 3×3，节点数为 20，第二个卷积层的滤波器大小为 2×2，节点数为 50，两个下采样层的池化大小为 2×2，全连接层节点数为 500。

（2）SAE：含有两个隐层，隐层的节点数分别为 25 和 50，稀疏性惩罚因子的权重为 1，学习速率为 0.5。

（3）WDBN：由 3 个 WRBM 堆叠而成，含有 3 个隐层，节点数分别为 25、100 和 25，学习速率为 0.1。

（4）NPDNN：近邻数 K 为 20，正则项系数 $\alpha=1$，学习速率为 0.2，隐层层数为 3，隐层节点个数为 120、80 和 30，权重衰减项系数 $\beta=0.0002$。

（5）DSFN：3 层稀疏滤波，隐层节点数分别为 25、100 和 50，权重衰减项系数为 0.003。

本章算法（NDSFN）的实验参数设置：网络的隐层数和隐层节点个数根据数据的多次试验确定，先只设置一个网络隐层，节点数由 5 向后递增，步长为 5；再确定一个网络隐层的最佳节点个数，然后固定第一个隐层的节点数；增加第二个隐层，调整第二个隐层的节点数直至确定最佳节点数，依次进行。

根据图 2.3 所示的三维实验结果图可知，网络在有第 3 个隐层时，分类结果趋于稳定，各隐层的节点数取值最佳为 25、100 和 150。近邻保持正则项参数为 $3×10^4$，权重衰减项系数为 0.001，近邻个数 $M=10$。

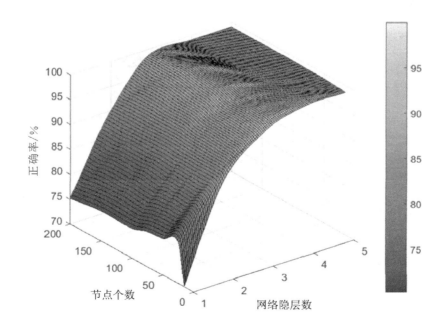

图 2.3　NDSFN 在不同隐层数和隐层节点数下的分类结果

2.3.1 仿真数据实验

仿真数据采用蒙特卡洛方法和 9 类真实数据的协方差矩阵计算而来。仿真数据大小为 120×150，类别数为 9 类，视数为 12 视。因为合成的仿真数据尺寸较小且噪点少，故可方便地应用于对算法性能的验证，也可以用来进行参数调节等实验操作。

首先通过仿真数据对本章提出的算法（NDSFN）在拥有不同比例有标记样本情况下的分类正确率进行检验。

从分类结果图 2.4 中可以看出分类错误点在减少，从表 2.2 可以看出，本章算法（NDSFN）对仿真数据的分类正确率随着有标记样本的比例增加而增大。本章算法 NDSFN 在只有 1% 的标记样本时，分类正确率就达到了 99.36%，说明在小样本实验中，该算法也能取得非常理想的效果。

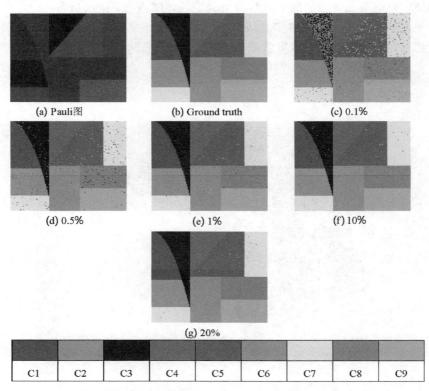

图 2.4　本章算法 NDSFN 在不同比例标记样本情况下的分类结果

表 2.2　本章算法 NDSFN 在不同比例标记样本情况下各类的分类正确率(％)

| 比例 | 类　　别 | | | | | | | | | 总体分类 |
	C1	C2	C3	C4	C5	C6	C7	C8	C9	正确率(OA)
0.1％	96.27	99.88	44.72	99.10	90.49	91.20	96.07	85.36	97.83	89.43
0.5％	98.03	98.31	97.74	99.93	98.83	98.57	97.26	93.71	99.10	97.93
1％	99.93	99.86	98.17	99.77	99.52	98.80	99.88	98.52	99.75	99.36
10％	99.19	99.92	98.97	99.65	99.59	99.53	99.64	98.06	100.0	99.42
20％	99.76	100.0	99.29	99.86	99.71	98.67	99.57	98.56	99.89	99.51

　　然后,将本章算法与其他 5 种算法在仿真数据上进行对比实验,实验中每个算法中的有标记样本比例均为所有样本的 1％。

　　图 2.5 和表 2.3 为本章算法 NDSFN 与其他 5 种对比算法在仿真数据 9 类上的可视图和分类正确率。从分类结果图中就可以明显看出本章算法 NDSFN 的分类结果更好,分类错误点较少,可视性较强。从分类结果数据可以看出,本章算法 NDSFN 比其他 5 种算法在同等的训练样本和测试样本条件下有着更好的分类正确率,其中比 CNN 高出了 5.19％,比不加正则项的 DSFN 也高出了

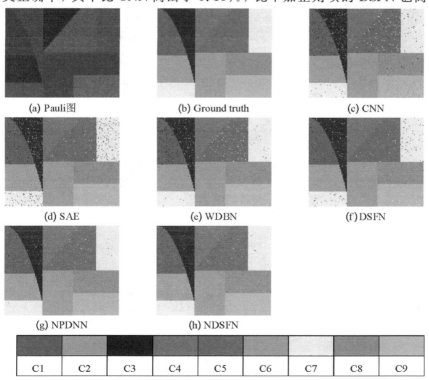

图 2.5　本章算法 NDSFN 和对比算法在仿真数据上的分类结果

1.56％。在 C1、C3、C5、C7、C9 类都取得了最高的分类正确率。

表 2.3　本章算法 SDSFN 和对比算法在仿真数据上的分类正确率(％)

算法	类　别									总体分类正确率(OA)
	C1	C2	C3	C4	C5	C6	C7	C8	C9	
CNN	95.81	100.0	90.88	97.82	95.26	98.51	98.65	85.15	90.26	94.17
SAE	96.14	99.47	92.36	100.0	98.72	98.99	92.57	92.21	99.66	96.15
WDBN	95.81	99.74	93.07	99.82	97.67	98.07	96.22	94.01	99.58	96.86
DSFN	98.61	98.84	94.33	99.95	97.68	91.14	97.70	98.70	99.32	97.80
NPDNN	98.77	99.85	96.80	99.95	98.81	94.98	99.35	98.37	99.49	98.70
NDSFN	**99.93**	**99.86**	**98.17**	**99.77**	**99.52**	**98.80**	**99.88**	**98.52**	**99.75**	**99.36**

2.3.2　荷兰 Flevoland 地区的 AIRSAR 数据实验结果

本实验数据为荷兰 Flevoland 地区的 AIRSAR 数据,如图 2.6(a)的 Pauli 图所示,该图像大小为 750×1024,每类随机选取 1％的样本作为有标记样本。

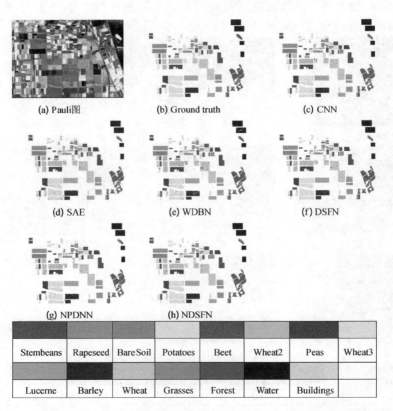

(a) Pauli图　　　(b) Ground truth　　　(c) CNN

(d) SAE　　　(e) WDBN　　　(f) DSFN

(g) NPDNN　　　(h) NDSFN

Stembeans	Rapeseed	Bare Soil	Potatoes	Beet	Wheat2	Peas	Wheat3
Lucerne	Barley	Wheat	Grasses	Forest	Water	Buildings	

图 2.6　本章算法 NDSFN 和对比算法在 Flevoland 数据上的分类结果

从图 2.6 能够得出结论，本章算法 NDSFN 的分类的结果好于其他对比算法。表 2.4 列出了 6 种不同的深度学习方法在 Flevoland 数据上的每类的分类正确率，从详细的数据结果可以看出，本章算法 NDSFN 的总体分类正确率达到了94.27%，而 CNN、SAE 和 WDBN 在只有 1% 的标记样本的情况下，总体分类正确率没有达到 90%，本章算法 NDSFN 比 DSFN 的分类结果高出了 2.02%，说明近邻保持正则项起到了一定的作用。从地物类别情况看，本章算法 NDSFN 在 Stembeans、Potatoes、Peas、Lucerne、Barley、Grasses、Water 和 Buildings 类都取得了高于其他算法的分类精度结果，CNN 算法由于只使用了 1% 的标记样本，所以在某些类别中，分类结果不理想，如 Barley 和 Grasses。

表 2.4　本章算法 NDSFN 和对比算法在 Flevoland 数据上的分类正确率(%)

类别	CNN	SAE	WDBN	DSFN	NPDNN	**NDSFN**
Stembeans	93.47	93.25	90.61	96.56	96.01	**96.73**
Rapeseed	97.66	83.16	84.65	89.04	88.46	**90.15**
Bare Soil	97.68	94.54	91.66	93.14	97.70	**96.31**
Potatoes	91.20	87.07	89.67	90.26	91.02	**93.84**
Beet	99.72	94.35	92.86	95.23	96.15	**96.01**
Wheat2	84.97	79.82	89.23	88.96	89.10	**87.82**
Peas	85.15	93.36	92.75	93.15	95.30	**95.76**
Wheat3	99.81	90.86	89.86	90.25	95.10	**96.32**
Lucerne	70.10	92.11	89.12	91.57	94.10	**94.99**
Barley	33.67	94.97	88.65	94.16	94.83	**96.52**
Wheat	94.99	90.24	90.44	91.56	90.46	**91.50**
Grasses	45.20	73.11	89.65	90.53	82.58	**92.84**
Forest	99.88	87.83	89.16	91.96	93.03	**94.57**
Water	88.19	99.08	91.24	93.10	98.54	**99.66**
Buildings	87.35	87.59	90.65	91.24	90.35	**92.18**
总体分类正确率(OA)	88.12	89.44	89.56	92.25	93.57	**94.27**

2.3.3　荷兰 Flevoland 地区的子图数据实验结果

为了进一步显示各个方法的分类效果，本实验用荷兰 Flevoland 地区的子图数据进行分类，如图 2.7(a)所示，图像大小为 300×270，所有实验依然选取 1% 的样本作为标记样本。

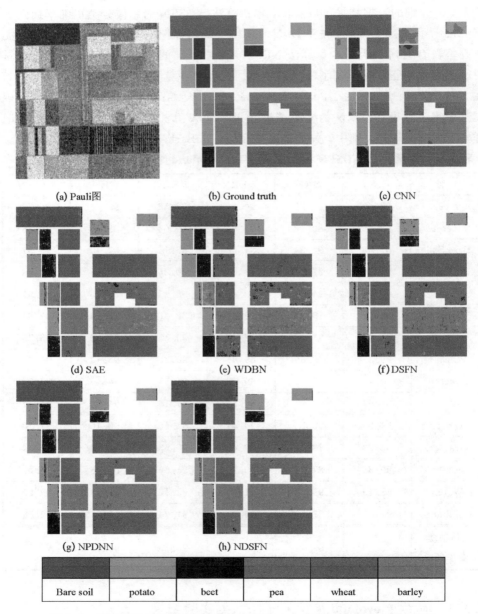

(a) Pauli图　　　　　　　(b) Ground truth　　　　　　(c) CNN

(d) SAE　　　　　　　(e) WDBN　　　　　　(f) DSFN

(g) NPDNN　　　　　　(h) NDSFN

Bare soil	potato	beet	pea	wheat	barley

图 2.7　本章算法 NDSFN 和对比算法在 Flevoland 子图数据上的分类结果

从图 2.7 可以看出，本章算法 NDSFN 的实验结果有着更好的可视性，每类的错误点都较少，SAE 和 WDBN 的分类结果就显得存在很多错误点。虽然 CNN 分类结果看似很好，但在个别类别的分类上会出现大面积的错分现象，这是由于 CNN 为有监督算法，在有标记样本较少时，网络训练不充分。SAE 和 WDBN 为传统的深度网络模型，在只有 1％的有标记样本进行微调训练的情况下，取得的分类正确率也要低于本章算法。

各个算法对每类的分类正确率在表 2.5 中列出，各个算法都取得了较为不错的分类结果，但是本章算法还是要略微高出其他算法 1％～4％，这表明了稀疏滤波和近邻保持的相互作用能够学习到有用的特征，本章算法在只有 1％有标记样本的情况下也能够通过预训练与微调，训练出性能稳定的深度网络，得到较为理想的分类结果。

表 2.5　本章算法 NDSFN 和对比算法在 Flevoland 子图数据上的分类正确率(％)

算法	类　　别						总体分类正确率(OA)
	Bare soil	potato	beet	pea	wheat	barley	
CNN	99.80	86.95	89.33	90.56	98.56	96.65	93.17
SAE	93.39	89.42	82.10	99.57	92.71	91.50	94.10
WDBN	96.30	89.49	91.52	99.14	92.48	93.33	94.80
DSFN	96.20	92.22	84.88	98.19	96.53	93.82	95.21
NPDNN	96.30	93.44	89.09	97.56	96.13	94.93	95.69
NDSFN	**96.31**	**93.69**	**93.85**	**99.01**	**97.81**	**95.79**	**96.94**

2.3.4　美国 San Francisco 地区的 RADARSAT-2 数据实验结果

该数据为美国 San Francisco 地区的全极化 SAR 数据，如图 2.8(a)所示，图像大小为 1300×1300，共含有 5 类样本。每类随机选取 1％的样本作为标记样本。各算法参数保持不变。

图 2.8 是不同算法在 San Francisco 地区数据上 5 类样本的可视化结果图。本章算法 NDSFN 在 L-Urban 类、H-Urban 类和 Developed 上的正确率比其他对比算法提高了不少。

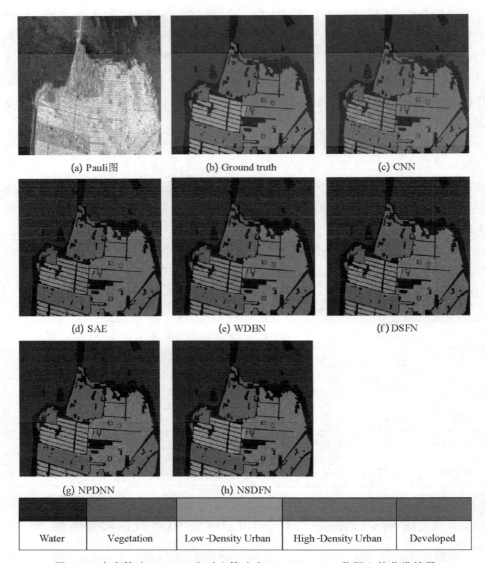

图 2.8　本章算法 NSDFN 和对比算法在 San Francisco 数据上的分类结果

表 2.6 表示不同算法在 San Francisco 地区数据上 5 类样本的分类精度。从平均分类精度上看，本章算法 NDSFN 的分类能力优于其他对比算法，NDSFN 的平均正确率比 CNN、SAE、WDBN、DSFN、NPSNN 分别高出 7.32%、6.33%、5.95%、4.28%、1.92%。对于样本数据较少且分布不连续的 Low-Density Urban 类和 Developed 类，本章算法 NSDFN 存在着更大的优势，近邻保持正则

项能够在一定程度上减少对于有标记样本的依赖。

表 2.6　本章算法 NDSFN 和对比算法在 San Francisco 数据上的分类正确率(%)

算法	类　　别					总体分类正确率(OA)
	Water	Vegetation	L-Urban	H-Urban	Developed	
CNN	98.84	81.70	53.71	85.31	62.28	86.96
SAE	98.94	83.14	55.88	85.78	63.44	87.95
WDBN	99.86	86.74	50.14	81.43	64.92	88.33
DSFN	99.90	91.62	55.92	86.46	68.59	90.00
NPDNN	99.94	91.74	69.70	87.95	74.85	92.36
NDSFN	**99.98**	**93.55**	**75.91**	**91.15**	**81.23**	**94.28**

2.3.5　丹麦 Foloum 地区的 EMISAR 数据实验结果

该数据是由 EMISAR 系统获取的 Foloum 地区的全极化数据,图像大小为 943×1015,类别数为 5,同样选取 1% 的样本为标记样本。

图 2.9 是不同算法的分类可视化结果图。可以看出本章算法 NDSFN 在各个类别上的分类杂点数量明显少于其他算法。

从表 2.7 可以看出,本章算法 NDSFN 的总的分类正确率比其他算法的分类正确率要高,在 Water 类、Rye 类、Oats 类都有一定的提高,特别是在 Oats 类,本章算法 NDSFN 要明显高出其他算法,最低也高出 11.56%,最高高出了 24%,说明本章算法 NDSFN 在 Foloum 数据上取得了不错的结果。

表 2.7　本章算法 NDSFN 和对比算法在 Foloum 数据上的分类正确率(%)

算法	类　　别					总体分类正确率(OA)
	Water	Rye	Oats	Winter Wheat	Coniferous	
CNN	94.55	82.24	60.51	67.11	98.64	91.80
SAE	92.04	70.23	72.95	94.84	99.68	92.75
WDBN	92.65	78.13	75.34	94.48	99.48	93.34
DSFN	94.09	86.43	71.68	95.36	99.83	95.47
NPDNN	96.87	89.24	72.17	97.46	99.76	96.14
NDSFN	**97.34**	**94.68**	**84.51**	**95.58**	**99.91**	**97.68**

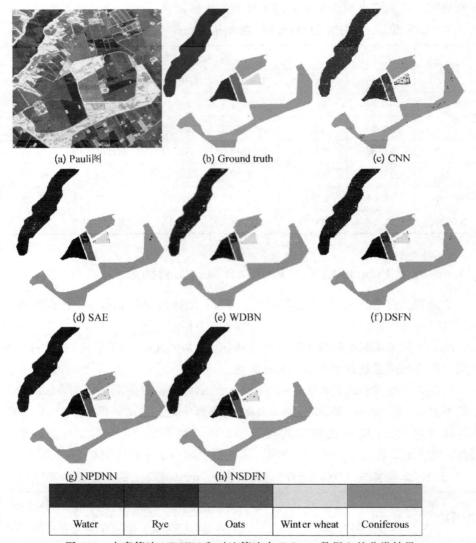

图 2.9　本章算法 NDSFN 和对比算法在 Foloum 数据上的分类结果

2.3.6　西安地区的 RADARSAT-2 数据实验结果

西安地区的实验数据是由 RADARSAT-2 在 C 波段下获取的，为一个较新的实验数据，标记图如图 2.10(b)是经过西安地区的实际检测绘制而出，能够保证大部分标记的准确性，当然也存在部分不确定的类别。实验标记样本比例依旧为 1%。

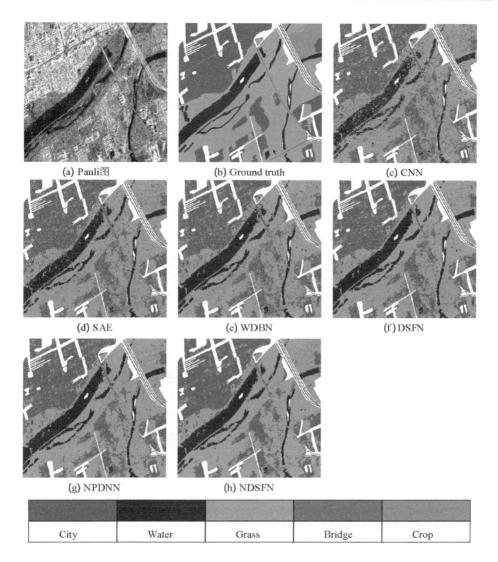

City	Water	Grass	Bridge	Crop

(a) Pauli图　　(b) Ground truth　　(c) CNN

(d) SAE　　(e) WDBN　　(f) DSFN

(g) NPDNN　　(h) NDSFN

图 2.10　本章算法 NDSFN 和对比算法在西安数据上的分类结果

从实验结果图 2.10 可以直观地看出，本章算法 NDSFN 在拥有较少有标记样本的数据也取得了不错的分类结果，相比于其他算法，本章算法在整体上有着较少的噪点，City、Water 和 Grass 都取得了不错的可视结果。

表 2.8 更能说明本章算法 NDSFN 在 City 类、Water 类和 Grass 类取得了不错的分类正确率。在样本点较少的 Bridge 类和 Crop 类，所有算法均没有取得较

高的分类精度，原因可能在于该地区数据存在较多的噪点，影响了整体分类精度，但是本章算法 NDSFN 的分类结果还是要高于其余算法。本章算法将稀疏滤波与近邻保持相结合，得到的深度稀疏滤波网络模型性能稳定，能够出色地完成分类任务。

表 2.8　本章算法 NDSFN 和对比算法在西安数据上的分类正确率(%)

算法	类　别					总体分类正确率(OA)
	City	Water	Grass	Bridge	Crop	
CNN	75.54	76.01	74.23	16.04	12.12	71.40
SAE	74.19	82.85	75.05	26.19	18.30	72.59
WDBN	77.06	88.38	74.18	17.43	13.11	73.33
DSFN	77.01	86.68	80.79	17.31	13.78	76.48
NPDNN	79.03	87.37	80.11	27.39	15.64	77.14
NDSFN	**84.54**	**87.10**	**82.42**	**35.78**	**27.76**	**80.62**

2.4　本章小结

本章是在稀疏滤波的基础上，结合流形学习的思想，采用贪婪的预训练方法和少量标记样本的反向传播微调，构建新颖的半监督深度稀疏滤波网络。该网络模型需要调节的参数较少，在近邻保持正则项的作用下保持了近邻样本的流形结构，且减少了对标记样本的需求，网络性能稳定，在多极化 SAR 图像地物分类任务中有着出色的表现。

第 3 章　基于距离度量学习的深度学习方法

在机器学习方法中，合适的距离度量函数的选择是十分重要的，尤其对于分类任务，分类器的判别性能很大程度上依赖于距离度量函数的选择。例如最常见的欧氏距离，只考虑了数据之间的真实距离，没有考虑样本的内部结构和具体属性，这对于某些数据来说，并不能保证其可靠性，即求得的距离较近的数据并不是很相似或者说为同类数据。这种距离度量方式在 KNN[53]、SVM 等分类器的作用下取得的结果就可能不太理想。距离度量学习是通过对数据的内在结构和属性的学习，得到一种适宜的距离度量方式，在这种距离度量方式下，具有相同类别标记的样本会相互吸引，而不具有相同标记的样本之间会相互排斥，得到一个新的特征空间，从而使数据变得更有利于分类。

在本章中，我们将大边界近邻算法（LMNN）[54]与深度学习方法相结合，利用距离度量学习的方法，学习一个线性的马氏距离，在全局范围内对样本特征间的相似度关系进行优化，使同类样本的间距尽可能小于非同类样本的间距。由于距离度量学习为有监督的学习方法，需要大量的标记信息才能取得理想的学习结果，因而提出一种半监督大边界近邻算法，该算法充分利用无标记样本的信息，可有效地克服标记样本不足的情况。

利用深度学习方法进行深层次的距离度量学习，可以有效地描述样本的非线性结构，多层次的距离度量学习充分考虑到了样本间的线性及非线性结构，能够使最终训练得到的深度网络有比传统深度网络更为优秀的特征提取性能，该深度网络提取到的特征易于满足同类样本间距小于异类样本间距的性质，因而在分类器的作用下可以有效地提高最终的分类精度。

3.1　距离度量学习

很多机器学习的方法，如 KNN 分类器、SVM（支持向量机）等都非常依赖于样本间距离度量函数的选择，其中最常见的距离度量方式有 Wishart 距离、欧氏距离、Hausdorff 距离、Hellinger 距离等。然而，这些经典的距离定义方法在度量某些应用中表现良好，而在其他一些应用中却不太适用。于是，距离度量学习针对如何更好地构造距离度量方式而被广泛应用于机器学习方法中，如对于目标的识别、分类、聚类等[55-59]。在实际的应用中，一个好的度量函数对学习器性能有很大的影响，距离度量学习的目的在于从数据集上获得与指定任务相适应的距离度量方式。

D 是一个距离度量函数，表示两个样本之间的相对距离关系。对于给定的分别表示三个不同样本的向量 X、Y、Z，D 应当满足如下的性质：

非负性：$D(X, Y) \geqslant 0$；

自反性：$D(X, Y) = 0$ 当且仅当 $X = Y$；

对称性：$D(X, Y) = D(Y, X)$；

三角不等式：$D(X, Y) \leqslant (D(X, Z) + D(Z, Y))$。

大多数距离度量学习的目标在于寻求一个合适的度量矩阵 L，使得两个样本间的距离可以表示为

$$d_{ij} = \| L(x_i - x_j) \|_2 \qquad (3-1)$$

其中，$x_i \in \mathbf{R}^t$（t 为样本维数），令 $M = L^T L$，则 M 为半正定矩阵：

$$d_{ij} = \sqrt{(x_i - x_j)^T M (x_i - x_j)} \qquad (3-2)$$

通过求解半正定矩阵 M，我们可以间接地得到度量矩阵 L，从而获得样本的线性变换 $f(x) = Lx$。

3.2 大边界近邻算法

大边界近邻算法（LMNN）[54]是一种经典的距离度量学习方法。该方法从数据整体上进行度量学习，求取度量矩阵 L，对样本数据进行映射变换，从而减小同类样本的间距，增大非同类样本的间距。

设训练样本 $x_i \in \mathbf{R}^t$，$i = 1, 2, \cdots, N$，t 是样本的维数，标签 $y \in \{1, 2, \cdots, c\}$。大边界近邻算法的距离平方公式为

$$D_L(x_i, x_j) = \| L(x_i - x_j) \|_2^2 \qquad (3-3)$$

在大边界近邻算法中，对于有标记的训练样本 x_i，我们需要先求取它的 S_1 个同类别的近邻样本，所以大边界近邻算法为有监督学习过程，这 S_1 个样本也被称为 x_i 的目标近邻。我们用符号 $j \rightarrow i$ 来表示。如果一个非同类样本 x_l 满足下面的式子：

$$\| L(x_i - x_l) \|^2 \leqslant \| L(x_i - x_j) \|^2 + 1 \qquad (3-4)$$

则我们称该样本 x_l 为"冒充者"。

　　大边界近邻算法的目标就是尽可能地减少"冒充者"的数量，即尽可能保证训练样本与其同类别的目标近邻之间的距离要小于该训练样本与"冒充者"之间的距离。所以，大边界近邻算法的损失函数分为两部分，分别表示为 $\varepsilon_{\text{pull}}(\boldsymbol{L})$ 和 $\varepsilon_{\text{push}}(\boldsymbol{L})$，第一部分 $\varepsilon_{\text{pull}}(\boldsymbol{L})$ 是用来惩罚训练样本与其同类别的目标近邻之间的大间距；第二部分 $\varepsilon_{\text{push}}(\boldsymbol{L})$ 是用来惩罚训练样本与"冒充者"之间的小间距。如图3.1所示，在两个惩罚项的作用下，互为同类的样本之间的相对距离得到减小；而非同类的干扰样本，会被排斥开来，与它类保持一定的距离。

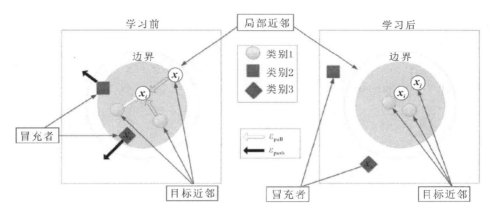

图 3.1　大边界近邻算法示意图

　　大边界近邻算法的损失函数的两部分分别为

$$\varepsilon_{\text{pull}}(\boldsymbol{L}) = \sum_{i,\, j \rightarrowtail i} \parallel \boldsymbol{L}(x_i - x_j) \parallel^2 \qquad (3-5)$$

和

$$\varepsilon_{\text{push}}(\boldsymbol{L}) = \sum_{i,\, j \rightarrowtail i} \sum_l (1 - y_{il}) \left[1 + \parallel \boldsymbol{L}(x_i - x_j) \parallel^2 - \parallel \boldsymbol{L}(x_i - x_l) \parallel^2 \right]_+ \qquad (3-6)$$

其中，$y_{il} = 1$ 当且仅当 $y_i = y_l$，否则，$y_{il} = 0$。$[z]_+ = \max(z, 0)$ 是标准的铰链函数。

　　所以，大边界近邻算法的损失函数为

$$\varepsilon(\boldsymbol{L}) = (1 - \mu)\varepsilon_{\text{pull}}(\boldsymbol{L}) + \mu\,\varepsilon_{\text{push}}(\boldsymbol{L}) \qquad (3-7)$$

其中，$\mu \in [0, 1]$，令 $\xi_{ijl} = \left[1 + \parallel \boldsymbol{L}(x_i - x_j) \parallel^2 - \parallel \boldsymbol{L}(x_i - x_l) \parallel^2 \right]_+$，则

$$\varepsilon(\boldsymbol{L}) = (1 - \mu)\sum_{i,\, j \rightarrowtail i} \parallel \boldsymbol{L}(x_i - x_j) \parallel^2 + \mu \sum_{i,\, j \rightarrowtail i} \sum_l (1 - y_{il})\xi_{ijl} \qquad (3-8)$$

3.3 方法原理

3.3.1 半监督大边界近邻算法

大边界近邻算法为有监督学习方法，对有标记样本的需求较大，当有标记样本不足时，大边界近邻算法可能得不到理想的结果。为了减少对有标记样本的需求，在流形正则化（manifold regularization）[60-61]的启发下，大边界近邻算法在目标函数中添加了一个额外的流形学习正则项，正则项的使用增加了对部分无标记样本的利用，在有标记样本不足的情况下也能够保证算法具有不错的学习能力。该流形学习正则项的目的在于惩罚有标记样本 x_i 与无标记样本 x_p 之间的大间隔，利用近邻样本之间更容易为同类别的性质，缩小近邻样本之间的相对距离。近邻样本之间的相对距离表示为

$$
\begin{aligned}
J_R &= \theta_{ip} \sum_{i,\,p} \parallel f(x_i) - f(x_p) \parallel^2 \\
&= \theta_{ip} \sum_{i,\,p} \parallel L(x_i - x_p) \parallel^2
\end{aligned} \tag{3-9}
$$

其中，

$$
\theta_{ip} = \begin{cases} \exp\left(\dfrac{-\parallel x_i - x_p \parallel_2^2}{2}\right) & x_i,\, x_p \text{ 近邻} \\ 0 & \text{其他} \end{cases}
$$

表示任意两样本之间的相似度。x_i 为有标记样本，x_p 为无标记样本。

所以，半监督大边界近邻算法（SMLNN）的损失函数为

$$
\varepsilon(L) = (1-\mu) \sum_{i,\,j\to i} \parallel L(x_i - x_j) \parallel^2 + \mu \sum_{i,\,j\to i} \sum_{l} (1 - y_{il}) \xi_{ijl} +
$$
$$
\gamma \theta_{ip} \sum_{i,\,p} \parallel L(x_i - x_p) \parallel^2 + \frac{\lambda}{2} \parallel L \parallel_F^2 \tag{3-10}
$$

其中，$\parallel \cdot \parallel_F$ 是 Frobenius 范数，用来保证最大边界，λ 为 Frobenius 范数正则项系数，通常取 $\lambda=1$，γ 为半监督正则项参数。

半监督大边界近邻算法的原理见图 3.2。图中不同的形状表示不同的类别，每类中部分样本有标记，其余的无标记，具有相同形状的同类样本之间互为近邻关系。互为近邻的同类样本在距离度量学习和流形学习正则项的共同作用下会进行一定程度的聚集，而非同类的样本之间会有一定的排斥作用。整体的映射结果会使得具有相同类别的样本相互汇聚，这样就更有利于分类。

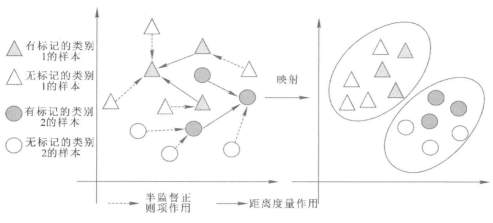

图 3.2　半监督大边界近邻算法示意图

3.3.2　空间信息

对于多极化 SAR 图像，考虑到其局部的空间信息，相邻的像素点之间存在着较大概率为同类样本。为了减少噪声的影响，我们可以将某窗口中所有点的值进行累加平均，得到的均值作为中心像素点的值。但是对于有些中心像素点，其邻域窗口中会存在着不同类的样本，尤其对于某些类别的边界点，这样直接求均值会引入部分噪声。可结合超像素方法(即根据样本的纹理、颜色、形状等特征，将相似的样本点聚集在一起)形成一个个超像素块，从而将与中心像素点近邻但不同类的像素点划分到不同的超像素块中，以此减少噪声的引入。再用近邻窗口和超像素块交集的像素点的平均值 $\overline{T}_i(i=1, 2, \cdots, n)$ 来取代中心像素点 $T_i(i=1, 2, \cdots, n)$。这样，就充分利用了多极化 SAR 图像的局部空间信息，减少了噪声对实验数据的影响。

像素点的平均值 $\overline{T}_i$ 为

$$\overline{T}_i = \frac{1}{n_i} \sum_{n=1}^{n_i} T_n \qquad (3-11)$$

我们运用 Turbopixel 超像素算法[62-64]对图像进行分割获得超像素块。本章中，样本 $x_i(i=1, 2, \cdots, n)$ 是 $\overline{T}_i(i=1, 2, \cdots, n)$ 矩阵的向量化。

3.3.3　算法步骤

传统的距离度量学习方法只能够寻求一种线性变换，而不能够捕捉到样本数据的非线性结构，据研究表明[65-66]，多极化 SAR 数据含有很强的非线性特征。就地物分类而言，学习其非线性结构是非常有必要的。为了提高多极化 SAR 图像的地物分类正确率，本章提出了一种基于距离度量学习的深度学习方法，即分层学习样本的线性及其非线性映射关系，解决传统距离度量学习的非线性和拓展性问题。

设整个深度网络模型有 V 个隐层，每个隐层的节点数分别为 N_k，$k=1, 2$, $\cdots, V$。网络的输出层为分类器。权重矩阵 $\boldsymbol{W}^1$ 表示网络第一层与第二层之间的连接权重矩阵，$\boldsymbol{W}^1 \in \mathbf{R}^{N_1 \times t}$，$t$ 表示输入数据的维数，$\boldsymbol{W}^k \in \mathbf{R}^{N_k \times N_{k-1}}$ 表示网络的第 k 个隐层与第 $k-1$ 个隐层之间的权重矩阵，设 $x_i \in \mathbf{R}^{t \times 1}$ 是输入向量，$i=1, 2$, $\cdots, N$。N 表示输入样本个数，则第一个隐层的输出可以表示为

$$h_i^1 = s(\boldsymbol{W}^1 x_i + \boldsymbol{b}^1) \in \mathbf{R}^{N_1 \times 1} \tag{3-12}$$

其中，$\boldsymbol{b}^1 \in \mathbf{R}^{N_1 \times 1}$ 为第一个隐层的偏置项。$s(\cdot)$ 表示非线性的 Sigmoid 激活函数，令 $z = \boldsymbol{W}^1 x_i + \boldsymbol{b}^1$，则 $s(z) = (1 + \exp(-z))^{-1}$。将 $h_i^1 (i=1, 2, \cdots, N)$ 输入到网络的第二个隐层。可以得到第二个隐层的输出为

$$h_i^2 = s(\boldsymbol{W}^2 h_i^1 + \boldsymbol{b}^2) \in \mathbf{R}^{N_2 \times 1} \tag{3-13}$$

依次逐层贪婪地训练下去，则第 k 个隐层的输出为

$$h_i^k = s(\boldsymbol{W}^k h_i^{k-1} + \boldsymbol{b}^k) \in \mathbf{R}^{N_k \times 1} \tag{3-14}$$

利用大边界近邻算法，我们将度量矩阵 $\boldsymbol{L}$ 等效为深度网络的权重矩阵 $\boldsymbol{W}$，则线性转换 $f(x) = \boldsymbol{L}x = \boldsymbol{W}x$，深度网络第一个隐层的优化目标为

$$\min_{\boldsymbol{W}} (1 - \mu) \sum_{i, j \to i} \| \boldsymbol{W}^1 (x_i - x_j) \|^2 + \mu \sum_{i, j \to i, l} (1 - y_{il}) \xi_{ijl}$$
$$+ \gamma \theta_{ip} \sum_{i, p} \| \boldsymbol{W}^1 (x_i - x_p) \|^2 + \frac{\lambda}{2} \| \boldsymbol{W}^1 \|_F^2 \tag{3-15}$$

第 k 个隐层的优化目标为

$$\min_{\boldsymbol{W}} (1 - \mu) \sum_{i, j \to i} \| \boldsymbol{W}^k (h_i^{k-1} - h_j^{k-1}) \|^2 + \mu \sum_{i, j \to i, l} (1 - y_{il}) \xi_{ijl}^k$$
$$+ \gamma \theta_{ip} \sum_{i, p} \| \boldsymbol{W}^k (h_i^{k-1} - h_p^{k-1}) \|^2 + \frac{\lambda}{2} \| \boldsymbol{W}^k \|_F^2 \tag{3-16}$$

其中，$\xi_{ijl}^k = \left[1 + \| \boldsymbol{W}^k (h_i^{k-1} - h_j^{k-1}) \|^2 - \| \boldsymbol{W}^k (h_i^{k-1} - h_l^{k-1}) \|^2 \right]_+$，整个优化目标可以通过传统的梯度下降算法来求解。

在整个深度网络模型中，每一层我们都利用半监督的距离度量学习来学习训练样本的线性特征，通过度量矩阵 $\boldsymbol{W}$，得到样本的线性映射，再通过非线性的 Sigmoid 激活函数，结合深度学习的思想，采用逐层贪婪方法学习其非线性特征，并且不断优化网络的权重，在深度网络的最后，结合 Softmax 分类器，利用 BP 算法及少量的有标记样本对整个深度网络实现微调。

该深度网络将距离度量学习方法与深度学习的思想结合在一起,同时学习样本的线性以及非线性特征,该特征将更加有利于最终的分类。

本章算法步骤如表 3.1 所示。

表 3.1　本章算法步骤

输入	训练样本集 $x=\{x_i\}_{i=1}^n$ 和测试样本集 $x^*=\{x_i\}_{i=n+1}^N$ 组成的样本集,类别数为 c 类
输出	测试样本集的标记信息 $y^*=\{y_i\}_{i=n+1}^N$
步骤 1	随机初始化深度网络第一个隐层的参数 $\boldsymbol{W}^1$、$\boldsymbol{b}^1$
步骤 2	求取每个训练样本的 S 个 Wishart 近邻样本,其中包含 S_1 个有标记的目标近邻和 S_2 个无标记近邻样本,$S=S_1+S_2$
步骤 3	根据逐层贪婪学习算法依次对每个隐层进行学习,利用式(3-16)对每个隐层的参数进行迭代优化,直到训练完所有的隐层
步骤 4	网络的最后一层为分类器,再次利用训练样本的实际输出及其标记信息,采用 BP 算法对网络进行微调
步骤 5	对测试样本进行类别预测

3.4　实验结果与分析

在本章实验中,我们仍然采用与第 2 章相同的 6 种多极化 SAR 图像数据,包括 1 种仿真数据[见图 3.3(a)]和 5 种真实的实验数据,2 组仿真数据均是采用 Monte-Carlo 的方法合成模拟的 12 视全极化 SAR 数据。5 种真实的实验数据与第 2 章的真实数据相同。

本章算法(SDMLN)的对比算法同样有 5 种:WDSN、CNN、WDBN、DSFN 和 NPDNN。其中后 4 种与第 2 章的对比算法相同,参数设置可以参考第 2 章。WDSN[67]算法为一种基于 Wishart Deep Stacking Network(WDSN)的快速多极化 SAR 分类方法,该网络通过栈式叠加 Wishart Network(WN)得到新的 WDSN 网络。该方法充分利用了多极化 SAR 数据的 Wishart 分布,并提出了一种新颖的快速 Wishart 距离求解方法,在多极化 SAR 图像地物分类实验中能够以较短的时间取得相对不错的分类精度。WDSN 算法中的网络含有两个隐层,节点数分别为 50 和 100，学习速率为 0.1。

本章算法 SDMLN 中，网络层数为 5 层，3 个隐层的节点数分别为 25、100和 50，网络的隐层数和隐层节点个数确定方法同第 2 章第 2.3 节。$\lambda=1$，学习速率为 0.2，目标近邻个数 $S_1=3$，无标记近邻个数 $S_2=5$，正则项参数 $\gamma=0.003$，参数 $\mu\in[0，1]$ 由实验分析决定。

3.4.1 仿真数据实验

对于距离度量学习，μ 是一个重要的参数，图 3.3 和表 3.2 分别为本章算法在参数 μ 不同的情况下的分类结果图和每类分类正确率。通过实验结果可以得出，当 $\mu=0.5$ 时，本章算法 SDMLN 取得最好的分类结果，当 μ 高于 0.5 或者低于 0.5 时都会呈现一定的正确率下降。所以以后的实验中本章算法 SDMLN的参数 μ 统一取值为 0.5。

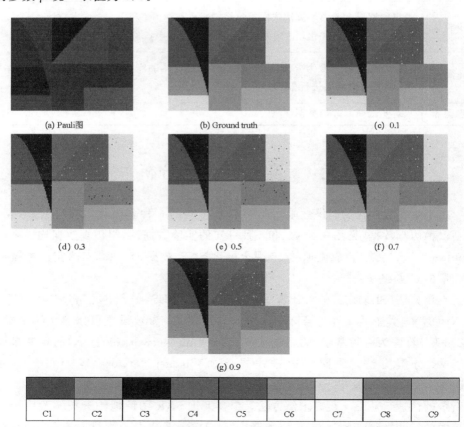

图 3.3　本章算法 SDMLN 在参数 μ 不同情况下的分类结果

表 3.2　本章算法 SDMLN 在参数 μ 不同情况下的每类分类正确率(％)

参数 μ	类　别									总体分类正确率(OA)
	C1	C2	C3	C4	C5	C6	C7	C8	C9	
0.1	99.47	99.86	98.43	99.69	99.11	99.31	99.84	97.16	98.89	98.12
0.3	99.41	99.31	98.56	99.92	99.28	99.40	99.64	97.41	99.69	99.20
0.5	99.74	99.93	99.02	99.69	99.60	98.66	98.98	98.52	99.81	**99.38**
0.7	99.87	99.79	99.15	99.51	99.56	98.18	99.24	97.56	99.94	99.24
0.9	99.56	99.41	98.75	99.19	99.46	98.94	99.23	97.09	99.24	99.01

图 3.4 是对有标记样本采用不同比例（0.1％～50％）的时候，本章算法 SDMLN 的分类的可视化结果。从该图可以看出，随着有标记样本数量的提高，分类精度也不断升高。

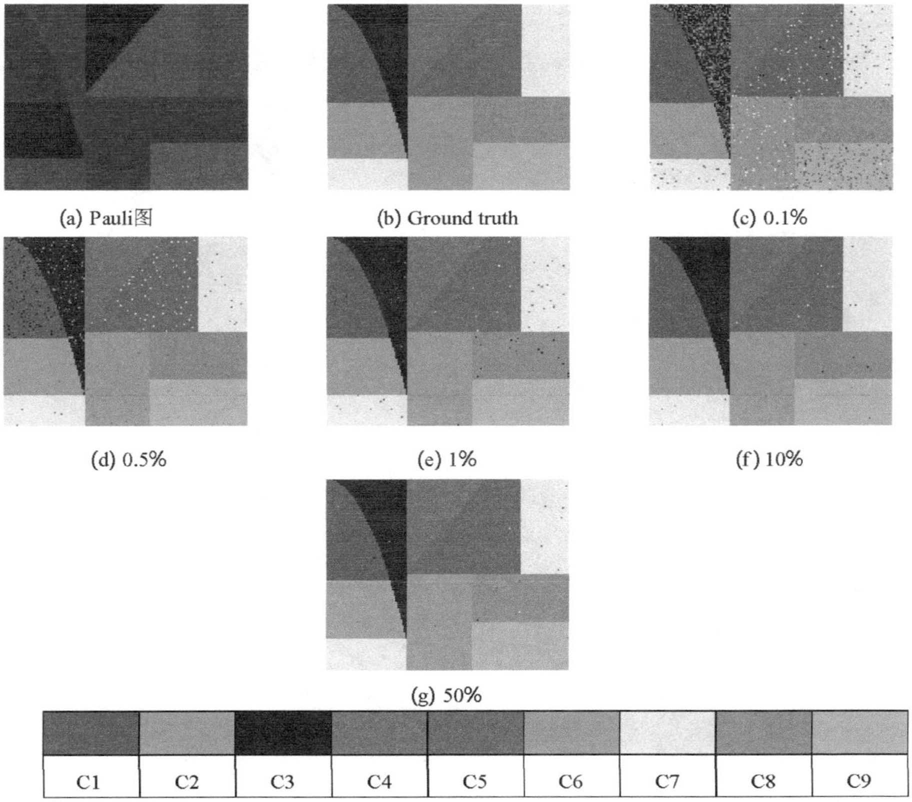

(a) Pauli图　　　　　　(b) Ground truth　　　　　(c) 0.1%

(d) 0.5%　　　　　　　(e) 1%　　　　　　　(f) 10%

(g) 50%

| C1 | C2 | C3 | C4 | C5 | C6 | C7 | C8 | C9 |

图 3.4　本章算法 SDMLN 在不同比例标记样本情况下的分类结果

表 3.3 是有标记样本为不同比例（0.1％～50％）的时候，本章算法 SDMLN 的分类的精度。该表反映了当有标记样本的比例为 1％的时候，本章算法

SDMLN 就达到了 99.38％的分类正确率，虽然当有标记样本的比例增加时，地物分类的正确率有一定程度的提高，但并不是很明显，所以本章算法 SDMLN 可以在只有 1％的标记样本的情况下取得理想的分类结果，该算法可减少对标记样本的需求，半监督方法发挥了作用。

表 3.3　本章算法 SDMLN 在不同比例标记样本情况下的分类正确率（％）

标记样本比例	类　　别									总体分类正确率（OA）
	C1	C2	C3	C4	C5	C6	C7	C8	C9	
0.1％	96.76	99.27	58.21	98.56	96.66	93.74	96.78	79.80	88.70	90.83
0.5％	99.40	99.37	98.15	1.000	96.70	98.61	96.90	94.28	99.78	97.99
1％	99.74	99.93	99.02	99.69	99.60	98.66	98.98	98.52	99.81	99.38
10％	99.93	1.000	99.41	99.91	99.59	98.91	99.64	98.40	99.79	99.49
50％	99.88	99.93	99.94	99.93	99.92	99.96	99.78	99.44	1.000	99.85

　　本章算法 SDMLN 和其他算法在仿真数据上的每类结果可以从图 3.5 和表 3.4 看出。

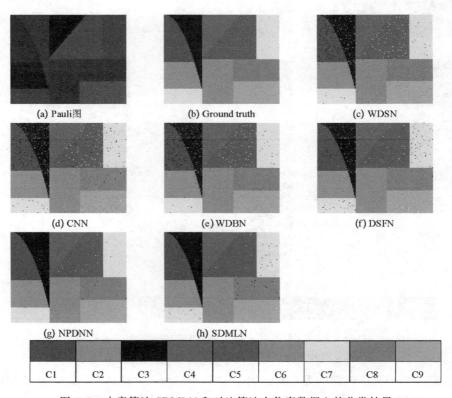

（a）Pauli图　　　　　（b）Ground truth　　　　　（c）WDSN

（d）CNN　　　　　（e）WDBN　　　　　（f）DSFN

（g）NPDNN　　　　　（h）SDMLN

| C1 | C2 | C3 | C4 | C5 | C6 | C7 | C8 | C9 |

图 3.5　本章算法 SDMLN 和对比算法在仿真数据上的分类结果

所有算法均使用 1% 的标记样本。在只有 1% 标记样本的情况下，WDBN、DSFN 和 NPDNN 都还能取得不错的结果，但整体正确率还低于 SDMLN，因为这些方法都采用的是无监督的预训练，在只有少量标记样本的情况下也还能保持较为稳定的性能，而 CNN 和 WDSN 就要稍微差一些。

表 3.4　本章算法 SDMLN 和对比算法在仿真数据上的分类正确率(%)

算法	类别									总体分类正确率(OA)
	C1	C2	C3	C4	C5	C6	C7	C8	C9	
WDSN	95.37	98.36	89.56	97.21	94.38	89.76	89.32	90.47	91.89	92.36
CNN	95.81	100.0	90.88	97.82	95.26	98.51	98.65	85.15	90.26	94.17
WDBN	95.81	99.74	93.07	99.82	97.67	98.07	96.22	94.01	99.58	96.86
DSFN	98.61	98.84	94.33	99.95	97.68	91.14	97.70	98.70	99.32	97.80
NPDNN	98.77	99.85	96.80	99.95	98.81	94.98	99.35	98.37	99.49	98.70
SDMLN	**99.74**	**99.93**	**99.02**	**99.69**	**99.60**	**98.66**	**98.98**	**98.52**	**99.81**	**99.38**

3.4.2　荷兰 Flevoland 地区的 AIRSAR 数据实验结果

该实验数据为荷兰 Flevoland 地区的 AIRSAR 数据，每类数据中随机选取 1% 作为标记样本用于实验。用本章提出的算法 SDMLN，对该数据的实验结果可以由图 3.6 和表 3.5 给出，15 类的总体分类正确率为 94.85%，相对于其余算法均有一定的优势，特别在 Stembeans 类、Potatoes 类、Peas 类、Lucerne 类、Barley 类、Grasses 类、Water 类均取得了最高的分类正确率。说明了该方法在同类算法中存在着一定的优势，本章算法 SDMLN 可以较好地应用于多极化 SAR 地物分类中。

表 3.5　本章算法 SDMLN 和对比算法在 Flevoland 数据上的分类正确率(%)

类别	WDSN	CNN	WDBN	DSFN	NPDNN	SDMLN
Stembeans	62.55	93.47	90.61	96.56	96.01	**96.62**
Rapeseed	76.32	97.66	84.65	89.04	88.46	**89.94**
Bare Soil	87.89	97.68	91.66	93.14	97.70	**97.54**
Potatoes	85.53	91.20	89.67	90.26	91.02	**92.39**
Beet	80.21	99.72	92.86	95.23	96.15	**96.80**
Wheat2	79.34	84.97	89.23	88.96	89.10	**87.82**
Peas	80.42	85.15	92.75	93.15	95.30	**96.32**
Wheat3	89.65	99.81	89.86	90.25	95.10	**94.60**
Lucerne	88.31	70.10	89.12	91.57	94.10	**95.49**

续表

类别	WDSN	CNN	WDBN	DSFN	NPDNN	SDMLN
Barley	67.24	33.67	88.65	94.16	94.83	**97.40**
Wheat	79.66	94.99	90.44	91.56	90.46	**92.57**
Grasses	78.06	45.20	89.65	90.53	82.58	**93.08**
Forest	88.45	99.88	89.16	91.96	93.03	**92.03**
Water	95.11	88.19	91.24	93.10	98.54	**99.42**
Buildings	86.35	87.35	90.65	91.24	90.35	**92.62**
总体分类 正确率(OA)	83.41	88.12	89.56	92.25	93.57	**94.85**

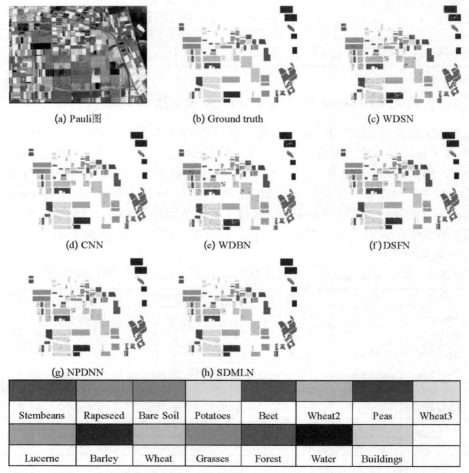

(a) Pauli图　　　　　　(b) Ground truth　　　　　　(c) WDSN

(d) CNN　　　　　　(e) WDBN　　　　　　(f) DSFN

(g) NPDNN　　　　　　(h) SDMLN

Stembeans	Rapeseed	Bare Soil	Potatoes	Beet	Wheat2	Peas	Wheat3

Lucerne	Barley	Wheat	Grasses	Forest	Water	Buildings	

图 3.6　本章算法 SDMLN 和对比算法在 Flevoland 数据上的分类结果

3.4.3　荷兰 Flevoland 地区的子图数据实验结果

该数据为 Flevoland 地区的子图，由同一个多极化 SAR 系统获取。该图大小为 300×270，实验数据的类别为 6 类。图 3.7 展示了算法的可视化结果图。

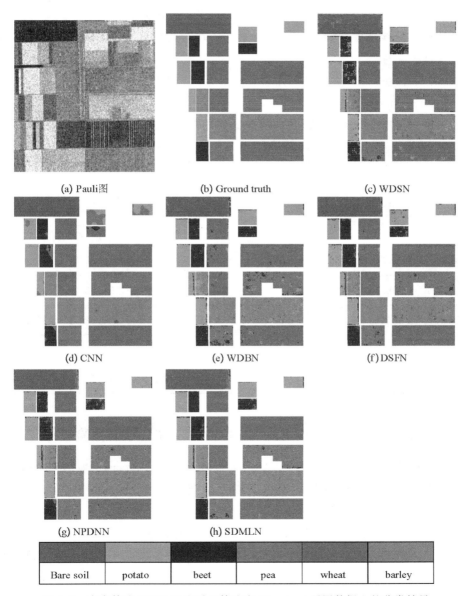

| Bare soil | potato | beet | pea | wheat | barley |

图 3.7　本章算法 SDMLN 和对比算法在 Flevoland 子图数据上的分类结果

可以看出，本章算法 SDMLN 有着最好的可视化结果，各个类别的结果均优于 WDSN，CNN，WDBN，DSFN，NPDNN。

表 3.6 是各个算法的分类精度。可以看出，和其他算法相比，本章算法 SDMLN 可以获得最高的分类正确率。本章算法 SDMLN 采用了距离度量的方法，对分布较为工整的块状数据而言，有着较好的分类精度，该方法可以学习样本数据的线性及非线性特征，并且保持样本的近邻关系，这些都促使了本章算法 SDMLN 有着较高的分类正确率，但是，从图 3.7(h)可以看出，本章算法 SDMLN 对于边界样本分类还存在着一定的缺陷，这将是今后需要改进的地方。

表 3.6 本章算法 SDMLN 和对比算法在 Flevoland 子图数据上的分类正确率(%)

算法	类　　别						总体分类正确率(OA)
	Bare soil	potatoes	beet	pea	wheat	barley	
WDSN	91.16	92.61	80.28	98.03	91.68	89.83	92.71
CNN	99.80	86.95	89.33	90.56	98.56	96.65	93.17
WDBN	96.30	89.49	91.52	99.14	92.48	93.33	94.80
DSFN	96.20	92.22	84.88	98.19	96.53	93.82	95.21
NPDNN	96.30	93.44	89.09	97.56	96.13	94.93	95.69
SDMLN	**97.36**	**93.45**	**91.36**	**99.03**	**97.05**	**96.34**	**97.35**

3.4.4　美国 San Francisco 地区的 RADARSAT-2 数据实验结果

该实验数据为 RADARSAT-2 系统获取的 San Francisco 地区的多极化 SAR 图像数据，在所有的样本数据中按类别随机选取 1% 的样本作为有标记样本。

图 3.8 展示了可视化分类结果。从本章算法和其他算法在 San Francisco 数据上的分类结果可以看出，因为该实验图较大，可视化结果不明显，我们很难看出 SDMLN 算法相比于其他算法所存在的优势。

从表 3.7 中，我们可以明显地看到本章算法 SDMLN 还是处于一个领先的位置，比 WDSN 的分类正确率高出了 8% 左右，比 CNN 也高出了将近 7%。特别是在 Low-Density Urban 类和 Developed 类上更是比其他算法提高了 20% 左右。原因在于这两类样本数相对较少，而且可能存在一定的噪声影响，本章算法 SDMLN 利用空间信息减少了噪声的影响，利用流形学习正则项减少了对标记样本的依赖，所以取得了较为理想的结果。

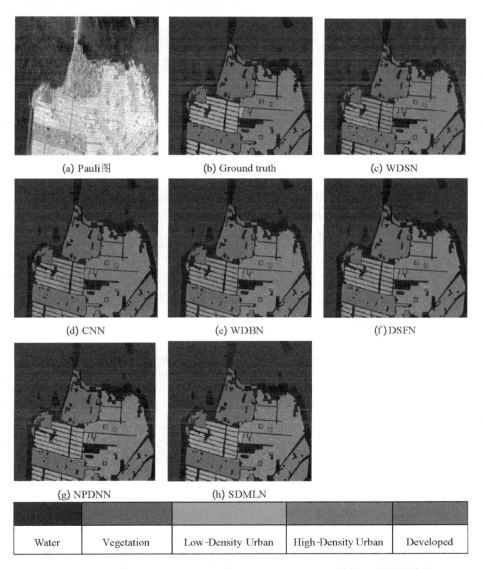

图 3.8　本章算法 SDMLN 和对比算法在 San Francisco 数据上的分类结果

表 3.7　本章算法 SDMLN 和对比算法在 San Francisco 数据上的分类正确率(%)

算法	类　　别					总体分类正确率(OA)
	Water	Vegetation	L-Urban	H-Urban	Developed	
WDSN	98.28	76.35	53.11	82.23	66.48	86.41
CNN	98.84	81.70	53.71	85.31	62.28	87.96
WDBN	99.86	86.74	50.14	81.43	64.92	88.33
DSFN	99.90	91.62	55.92	86.46	68.59	90.00
NPDNN	99.94	91.74	69.70	87.95	74.85	92.36
SDMLN	**99.98**	**93.55**	**75.91**	**91.15**	**81.23**	**94.49**

3.4.5　丹麦 Foloum 地区的 EMISAR 数据实验结果

本组实验数据是由 EMISAR 系统获取的丹麦 Foloum 地区的多极化 SAR 图像数据，每类随机取 1% 的样本作为有标记样本。

该数据由于图像尺寸较小，样本点较少，所以分类速度较快，实验结果的可视化效果较为明显，如图 3.9 所示。每一类基本都取得了不错的分类可视化效果，可以明显感觉到每类的分类正确率较高，对于 Oats 类，各分类方法都存在一些噪点，可能是数据的标记图不够准确。排除 Oats 类，从表 3.8 可以看出，在其余 4 种类别，本章算法 SDMLN 都取得了 90% 以上的分类正确率，总体分类正确率也都高于其他 5 种对比算法。

表 3.8　本章算法 SDMLN 和对比算法在 Foloum 数据上的分类正确率(%)

算法	类　　别					总体分类正确率(OA)
	Water	Rye	Oats	Winter wheat	Coniferous	
WDSN	89.98	80.47	30.39	32.12	97.15	88.46
CNN	94.55	82.24	60.51	67.11	98.64	91.80
WDBN	92.65	78.13	75.34	94.48	99.48	93.34
DSFN	94.09	86.43	71.68	95.36	99.83	95.47
NPDNN	96.87	89.24	72.17	97.46	99.76	96.14
SDMLN	**97.34**	**94.68**	**74.51**	**92.58**	**99.91**	**97.68**

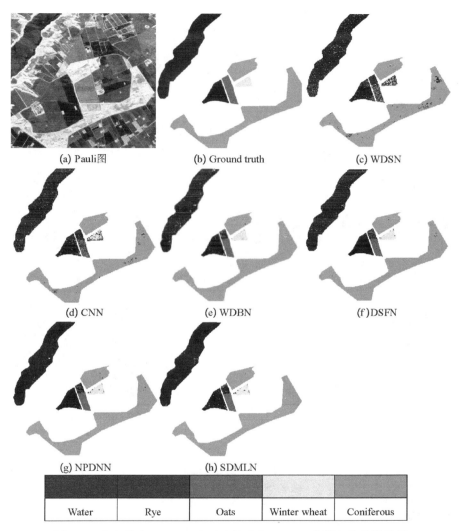

| Water | Rye | Oats | Winter wheat | Coniferous |

图 3.9　本章算法 SDMLN 和对比算法在 Foloum 数据上的分类结果

3.4.6　西安地区的 RADARSAT-2 数据实验结果

本章的实验数据为 RADARSAT-2 系统在 C 波段下获取的西安地区数据。该数据的样本类型共有五类：City、Water、Grass、Bridge、Crop。

图 3.10 是各个算法的可视化分类结果图。由于西安城区地形较为复杂，城市的遮挡比较多，所以图像的噪点可能比较多。从表 3.9 可以看出，各算法在样

本数较多的 City 类、Water 类和 Grass 类都取得了较高的分类正确率，本章算法 SDMLN 在这 3 类都取得了最高的分类正确率，对于同类样本较少的其余 2 类 Bridge 和 Crop，本章算法 SDMLN 的实验结果还是可以的，高了近 30％，尤其对于 Crop 类，本章算法 SDMLN 得到了 40.13％的分类正确率，明显高于其他对比算法。所以，本章算法 SDMLN 对于小样本数据有着不错的处理能力，半监督的距离度量学习减少了对标记数据的依赖。

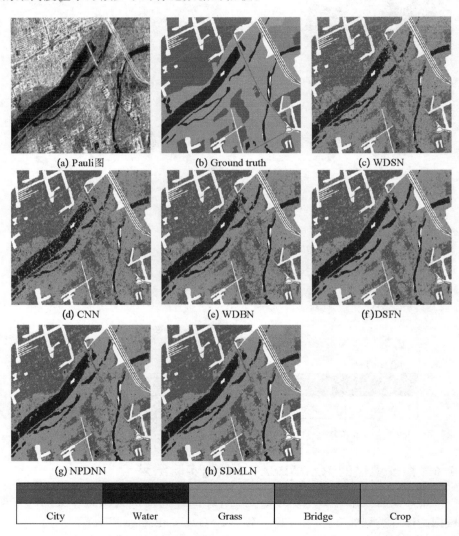

图 3.10　本章算法 SDMLN 和对比算法在西安数据上的分类结果

表 3.9　本章算法 SDMLN 和对比算法在西安数据上的分类正确率(%)

算法	类　　别					总体分类 正确率(OA)
	City	Water	Grass	Bridge	Crop	
WDSN	74.58	83.68	73.33	16.38	15.95	71.69
CNN	75.54	76.01	74.23	16.04	12.12	71.40
WDBN	77.06	88.38	74.18	17.43	13.11	73.33
DSFN	77.01	86.68	80.79	17.31	13.78	76.48
NPDNN	79.03	87.37	80.11	27.39	15.64	77.14
SDMLN	**84.43**	**86.77**	**80.59**	**34.30**	**40.13**	**82.10**

3.5　本章小结

　　本章提出了一种基于距离度量学习的深度学习方法,在经典的大边界近邻算法的基础上,通过正则项作用,提出半监督大边界近邻算法。同时,利用深度学习的思想,将半监督的大边界近邻算法应用于深度网络的参数训练,构建了半监督深度距离度量网络。该网络可以同时学习样本的线性以及非线性特征,同时半监督的方法减少了标记样本的使用,实验结果证实,该方法可以很好地应用于多极化 SAR 图像的地物分类。

第4章 基于半监督卷积神经网络的深度学习方法

卷积神经网络是一种经典的深度网络模型。该网络有着自己独特的局部感受野、权值共享以及下采样等结构，可以有效地减少网络的整体参数数量，极大地方便了网络参数的调节。卷积神经网络可以将图像以二维矩阵的形式直接输入到网络进行运算，对于多维的图像块，只需要提供多个输入通道，这样的特点使得其在图像处理领域有着突出的优势。我们不需要对输入的图像数据进行过多的前期处理，保留了图像的空间结构也降低了人工重建数据的复杂度。卷积神经网络能够自主地对训练数据进行特征提取，作为一种有效的特征提取方法在分类器的作用下可以取得不错的研究结果。卷积神经网络有着出色的泛化能力，已经在多个领域得到了广泛的应用[68-71]。

多极化 SAR 地物分类在环境监测、地球资源勘测及军用系统等领域都有着广泛的应用前景。考虑到卷积神经网络在图像分类中有着明显的优势，我们便将传统的卷积神经网络应用于多极化 SAR 地物分类。但是传统的卷积神经网络是一种有监督的分类模型，需要大量的有标记样本对网络参数进行调节，才能得到性能较为稳定的网络。当标记样本较少时，网络会因为训练不够充分而导致分类精度较差。与人脸、手写体等的图像数据不同，多极化 SAR 数据的每个像素代表一个样本点，所以在提取样本时需要进行特殊的操作。针对上述问题，本章提出了基于半监督卷积神经网络的多极化 SAR 地物分类方法，在传统的有监督卷积神经网络的基础上，采用稀疏滤波进行无监督预训练，然后采用少量标记样本进行微调，既减少了对标记样本的需求，又提高了多极化 SAR 地物分类的精度。

4.1 基于半监督卷积神经网络的多极化 SAR 地物分类

4.1.1 空间信息

就多极化 SAR 图像而言，每一个像素点代表着一个样本，对每一个样本进行类别预测就是对多极化 SAR 图像进行分类。在利用卷积神经网络对多极化 SAR 图像进行分类时，一个重要的问题就是输入样本的选择。卷积神经网络的卷积层需要输入的是一个 $a \times b \times c$ 的数据，其中 a、b 表示图片的长、宽，c 表示维度。我们不能像其他深度模型那样，将多极化 SAR 图像的每一个像素按照向量输入到网络模型中进行训练。卷积神经网络的图片输入模式正是它能够在图像分类任务中取得显著效果的原因，所以我们需要将多极化 SAR 图像的像素点作为图像块的中心，在其周围进行填充，以获取能够表示中心像素点的图像块，然后输入到卷积神经网络中进行训练，并通过网络最后的分类器获取该中心像素点的类别标号，实现对多极化 SAR 图像的地物分类。

对于多极化 SAR 图像样本图像块的选择，可以根据标记信息将只含有同类别的图像块提取出来作为训练样本[51]。该方法虽然可信度高，图像块的类别信息明确，但是人工操作复杂，且对标记样本的需要量大，存在着明显的不足。为此，可以直接以像素点为中心，选取其相邻的像素点共同构成一个 $a×b$ 的图像块。虽然中心像素点的周围大都有着同类别的其他样本，但是不可避免地存在许多非同类的像素点，这样的图像块输入到卷积神经网络中，很可能会干扰最终的分类结果。基于以上问题，本章提出一种利用空间信息的图像块选择方法。

首先利用经典的超像素分割方法 SLIC[71] 对多极化 SAR 原始图像进行超像素分割，将一幅图像分割为一个个不规则的超像素块，处在同一个超像素块中的像素点通常具有相似的纹理、颜色等特征，可以对图像像素进行局部的聚类。这种简单的聚类可使邻域中的同类样本划分在同一个超像素块中。然后以某个像素点为中心，在其周围取 $a×b$ 大小的窗口，窗口的大小即为输入到卷积神经网络的图像块的大小。如果该窗口中的其他像素点与中心像素点在同一个超像素块中，则保留该像素点；否则，去掉该像素点并用中心像素点的 Wishart 近邻样本来填充(近邻样本不足时用零值填充)。该方法的好处在于：

(1) 没有根据有标记样本去人工选择都为同类样本的图像块，避免了在只有少量有标记样本的情况下，样本选择困难、网络训练不充分的情况。

(2) 利用超像素方法得到的图像块有较大概率都为同一类像素点组成，有 Wishart 近邻关系的两个像素点大概率为同一类，减少了非同类像素点的干扰。

如图 4.1 所示，假设某样本点处于第 5 个超像素块中，在以样本点为中心取

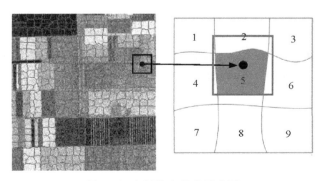

图 4.1　空间信息处理示意图

图像块时，与其不是同一超像素块中的样本很有可能为非同类样本。这样的图像块送入卷积神经网络中会影响最终对于中心像素点的类别判断。所以我们将该样本点周围与其同超像素块的样本点保留（图中阴影部分即图 4.1 右侧子图中间涂色部分），其余部分用其近邻样本和零值补充。

4.1.2　非监督预训练

传统的有监督卷积神经网络需要大量的标记样本对网络参数进行调节，对于标记样本较少的分类任务存在着性能不稳定和分类精度较差的问题。针对该问题，近年来提出了许多解决方法，例如：文献[72]中采用稀疏编码提取训练图像的基函数作为初始滤波器；文献[73]中采用稀疏自编码器对卷积神经网络的滤波器进行非监督预训练，通过最小化重构误差来获得待识别图像的隐层表示，进而学习得到含有训练数据统计特性的滤波器集合；文献[74]中采用无监督逐层贪婪的预训练方法来更新卷积神经网络的参数，去掉了传统的 BP 算法。受上述方法的启发，本章提出基于稀疏滤波和近邻保持的非监督预训练方法，利用稀疏滤波和近邻保持共同对卷积神经网络进行预训练，得到含有训练样本信息的滤波器集合。

定义一个数据样本矩阵：$X=[x_1, x_2, \cdots, x_N] \in \mathbf{R}^{c \times N}$，其中矩阵的每一列表示一个样本，$c$ 表示每个样本的维度，N 表示样本的总数。X 的特征分布矩阵：$F = \mathrm{sig}(W^\mathrm{T} X + B) \in \mathbf{R}^{t \times n}$，其中 $\mathrm{sig}(\cdot)$ 表示常见的 Sigmoid 激活函数，$B \in \mathbf{R}^{t \times n}$，为偏置矩阵。我们的目标就是得到特征映射矩阵 $W=[w_1, w_2, \cdots, w_t] \in \mathbf{R}^{c \times t}$，那么，矩阵 W 的每一列 w_i 都可以视为一个滤波器，t 可以表示滤波器的个数，也就是卷积层的节点数。令 $F(i)$ 表示样本 x_i 经过映射之后得到的输出值，其中 $i=1, 2, \cdots, n$，则

$$F(i) = \mathrm{sig}\left(\sum_{l=1}^{t} w_l^\mathrm{T} x_i + b\right) \qquad (4-1)$$

样本 x_j 为样本 x_i 的 Wishart 近邻样本，$j=1, 2, \cdots, K$。因为多极化 SAR 数据服从 Wishart 分布，互为 Wishart 近邻的样本大概率为同一类。为了使样本在经过映射变换后依旧保持其近邻结构，所以提出了近邻保持正则项，如式（2-12）所示。

基于稀疏滤波和近邻保持的预训练优化目标为

$$\underset{W, b}{\mathrm{minimize}} \sum_{i=1}^{N} \left\| \frac{\widetilde{F}(x_i)}{\|\widetilde{F}(x_i)\|_2} \right\|_1 + \frac{\lambda}{2nK} \sum_{i=1}^{N} \sum_{j=1}^{K} A_{ij} \|F(x_i) - F(x_j)\|^2 \qquad (4-2)$$

其中，λ 为正则项参数，$A_{ij} = \begin{cases} 1, & x_j \in U(x_i) \\ 0, & \text{其他} \end{cases}$，$U(x_i) = \{x_i^1, x_i^2, \cdots, x_i^K\}$ 是 x_i 的 K 个近邻样本集合。可以利用 L-BFGS 算法对上述优化目标进行求解。

对于卷积神经网络的每个卷积层，假设需要的滤波器尺寸大小为 $m \times m$，我们从输入的图片数据中随机抽取大小为 $m \times m$ 的图像块，将其向量化，利用稀疏滤波和近邻保持学习相应的滤波器，保持稀疏滤波的输出维数与卷积层的节点数相同，假设卷积层的节点数为 p，则稀疏滤波通过训练得到的连接权重 W 大小 $m^2 \times p$，可以将 W 分解为 p 个 $m \times m$ 的矩阵，每个矩阵代表一个卷积核，也就是滤波器。这些学习得到的滤波器可以有效地取代传统的随机初始化滤波器，提高卷积神经网络的预训练效率，同时避免了传统神经网络在标记样本较少时训练不充分，卷积核优化困难等情况。

4.1.3　网络结构与训练方法

本章的卷积神经网络结构是参考著名的 LeNet 卷积神经网络结构[75]，并结合多极化 SAR 数据的特点而设计的。具体的网络结构如图 4.2 所示。

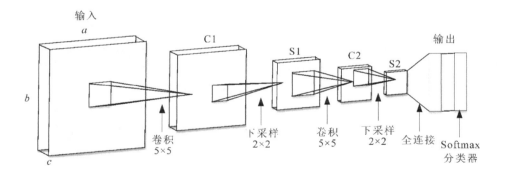

图 4.2　本章卷积神经网络结构图

卷积神经网络的输入数据是大小为 $a \times b \times c$ 的图像块，c 表示维度，a 和 b 分别表示图像块的长和宽。整个图像块中的样本由中心像素点、中心像素点的邻域与超像素块的交集以及中心像素点的部分近邻像素点构成（有可能没有近邻像素点，也可能含有零点）。设卷积层的滤波器大小为 $m \times n$，卷积层的节点数为 p，则卷积层的输出数据大小为 $(a-m+1) \times (b-n+1) \times p$。在卷积层，一个卷积层输出节点对应一个特征图，$p$ 就代表输出的特征图数量，$(a-m+1) \times (b-n+1)$ 表示特征图的大小。将输入层的数据或者上一层的特征图输入到卷积层，经过卷

积核的卷积运算以及激活函数的共同作用，可以得到该卷积层 l 的第 j 个通道的输出为

$$x_j^l = f\Big(\sum_{i \in M_j} x_i^{l-1} * \boldsymbol{k}_{ij}^l + b_j^l\Big) \tag{4-3}$$

其中，M_j 表示用于计算的输入特征图子集，$\boldsymbol{k}_{ij}^l$ 为卷积核矩阵，也就是滤波器，符号 $*$ 表示卷积运算，b_j^l 为特征图的偏置，$f(\,\cdot\,)$ 为激活函数。

对于下采样层，是在数据进过卷积层之后进行的子采样操作，降低特征维度，减少输出时关于平移和变形的灵敏度，同时防止过拟合。下采样层不会改变特征图的数量，但是每个特征图的尺寸都会等比例缩小，第 k 层下采样层的输出可以表示为

$$x_j^k = f(\alpha_j^k \mathrm{down}(x_j^{k-1}) + b_j^k) \tag{4-4}$$

其中，α_j^k 为下采样的权重系数，b_j^k 为下采样的偏置项，$\mathrm{down}(\,\cdot\,)$ 为下采样函数。

常见的下采样方法有：平均池化、随机池化、最大池化、重叠池化等。

全连接层将网络得到的二维特征图转变为一维的特征向量作为其输入。全连接层 q 的输出可以表示为

$$x^q = f(w^q x^{q-1} + b^q) \tag{4-5}$$

其中，w^q 为全连接层的权重系数，b^q 为全连接层的偏置项。

本章提出的半监督卷积神经网络（SNCNN），首先采用无监督的稀疏滤波和近邻保持进行参数的预训练，得到初始的卷积网络滤波器，取代传统的随机初始化滤波器，对卷积操作的输出有着更为明确的指导意义。然后经过下采样层、第二个卷积层、第二个下采样层和全连接层，网络的最后连接一个 Softmax 分类器对样本数据进行分类。为了进一步提高网络的性能，利用少量的有标记样本，采用传统的 BP 算法对整个卷积神经网络进行微调，进一步优化网络的参数。

具体的实验步骤为：

（1）输入经过处理的训练集。

（2）无监督预训练，将训练集中的图像裁剪成和滤波器尺寸大小相同的图像块，输入到稀疏滤波与近邻保持构成的 NDSFN 中，得到训练好的权重矩阵 $\boldsymbol{W}$，然后将 $\boldsymbol{W}$ 变换为所需的滤波器集合。

（3）通过卷积操作得到特征图。

（4）通过下采样对特征图进行模糊。

（5）改变第二个卷积层的滤波器尺寸，重复步骤（3）和步骤（4），得到新的特征图。

（6）将步骤（5）中得到的特征图转变为一维向量，作为全连接层的输入，利

用 Softmax 分类器对训练样本进行图像分类。

（7）利用少量有标记样本，根据最终的分类结果与标记之间的差异，通过 BP 算法对卷积神经网络进行微调，更新参数，直至损失函数收敛到合适的值，网络的训练结束。

（8）输入测试样本，测试样本同样根据其中心像素点的超像素块和邻域的交集来确定（其余部分用零值填充），对中心像素点的类别信息进行预测。

4.2　实验结果与分析

本章实验采用 3 组实验数据，分别为仿真数据[见图 4.3（a）]、由 AIRSAR 系统获取的 Flevoland 地区的全极化 SAR 数据以及 Flevoland 地区的子图数据。

本章算法（SNCNN）的对比算法有 5 种，包含上两章提出的 NDSFN 和 SDMLN 算法以及前两章出现过的 NPDNN、WDBN 和 CNN 算法。

本章算法 SNCNN 的输入图像块大小为 $a=b=14$，维数 $c=6$。卷积层滤波器大小为 5×5，即 $m=n=5$，下采样层选择最大池化，大小为 2×2。第一个卷积层的节点数 $p_1=30$，第二个卷积层的节点数 $p_2=50$。预训练中的近邻个数 $K=8$，学习速率为 0.03。

4.2.1　仿真数据实验

该仿真数据类别为 9 类，每类随机选取 1% 的实验样本作为有标记样本。

图 4.3 为本章算法（SNCNN）和其对比算法在仿真图数据上的可视结果，SNCNN 与标记图 4.3（b）基本一致，取得了十分理想的可视化结果。

从表 4.1 可知，本章算法 SNCNN 对噪点较少的仿真数据分类正确率达到了 99.44%，虽然正确率较前两章算法并没有特别突出的提高，但从图 4.3（h）可以看出本章算法 SNCNN 只是在两类的重合边界处才会出现错分点，对于同一类聚集的区域中间部分基本没有出现分类错误的情况，这就说明了本章算法 SNCNN 对于样本的邻域信息进行了良好的运用，以图像块的方式输入数据，对中心像素点的类别判定具有十分重要的指导意义。本章算法 SNCNN 在两类的交界处由于周围的非同类样本影响较大，对超像素算法的要求较高，而且近邻样本的选取也相对困难，所以会出现错分。传统的 CNN 算法由于是有监督算法，没有考虑样本之间的近邻关系，样本数据的选择也是根据标记信息选择少量的图像块样本，所以在使用 1% 的标记样本进行网络参数训练时，只能得到

94.17%的分类正确率。

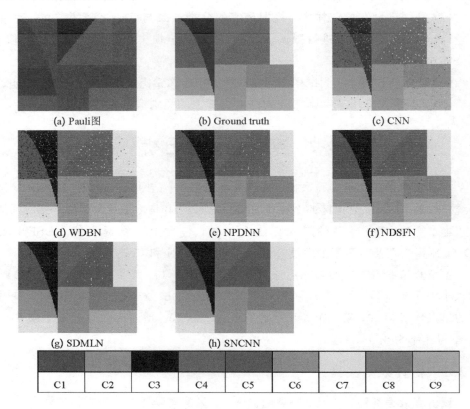

(a) Pauli图　　　　　(b) Ground truth　　　　　(c) CNN

(d) WDBN　　　　　(e) NPDNN　　　　　(f) NDSFN

(g) SDMLN　　　　　(h) SNCNN

| C1 | C2 | C3 | C4 | C5 | C6 | C7 | C8 | C9 |

图 4.3　本章算法 SNCNN 和对比算法在仿真数据上的分类结果

表 4.1　本章算法 SNCNN 和对比算法在仿真数据上的分类正确率(%)

算法	类别									总体分类正确率(OA)
	C1	C2	C3	C4	C5	C6	C7	C8	C9	
CNN	95.81	100.0	90.88	97.82	95.26	98.51	98.65	85.15	90.26	94.17
WDBN	95.81	99.74	93.07	99.82	97.67	98.07	96.22	94.01	99.58	96.86
NPDNN	98.77	99.85	96.80	99.95	98.81	94.98	99.35	98.37	99.49	98.70
NDSFN	99.93	99.86	98.17	99.77	99.52	98.80	99.88	98.52	99.75	99.36
SDMLN	99.88	99.90	98.22	100.0	99.65	98.48	98.89	99.18	99.63	99.38
SNCNN	**100.0**	**98.64**	**98.29**	**99.79**	**99.93**	**100.0**	**100.0**	**97.61**	**100.0**	**99.44**

4.2.2　荷兰 Flevoland 地区的 AIRSAR 数据实验结果

该实验采用图像大小为 750×1024 的 Flevoland 真实数据［见图 4.4（a）］，本章提出的 SNCNN 算法在仿真数据上取得了近乎完美的实验结果。我们利用真实的多极化 SAR 数据来进行实验，该数据类别数为 15 类。每类中随机取 1％ 的样本作为有标记样本。由于该图像较大，从图 4.4 不能得到明显的可视化结果。

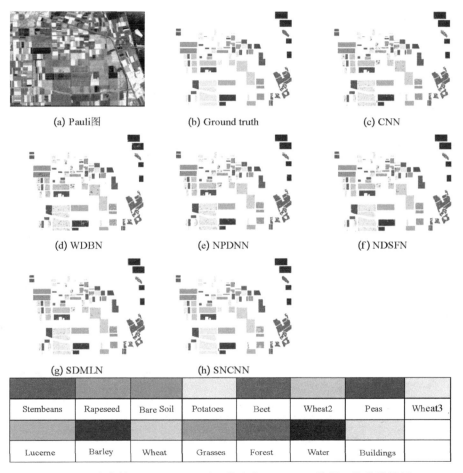

(a) Pauli图	(b) Ground truth	(c) CNN
(d) WDBN	(e) NPDNN	(f) NDSFN
(g) SDMLN	(h) SNCNN	

Stembeans	Rapeseed	Bare Soil	Potatoes	Beet	Wheat2	Peas	Wheat3
Lucerne	Barley	Wheat	Grasses	Forest	Water	Buildings	

图 4.4　本章算法 SNCNN 和对比算法在 Flevoland 数据上的分类结果

从表 4.2 中可以看出，本章算法 SNCNN 确实对于多极化 SAR 图像分类有着十分显著的优势，其分类正确率高达 97.02％，比前两章提出的算法都要高出

2.5%左右，更是比传统的 CNN 高出了将近 9%。本章算法 SNCNN 表现出了非常优秀的分类结果。无监督的预训练大大减少了对于标记样本的使用。

表 4.2 本章算法 SNCNN 和对比算法在 Flevoland 数据上的分类正确率(%)

类别	CNN	WDBN	NPDNN	NDSFN	SDMLN	**SNCNN**
Stembeans	93.47	90.61	96.01	96.73	96.62	**100.0**
Rapeseed	97.66	84.65	88.46	90.15	89.94	**89.68**
Bare Soil	97.68	91.66	97.70	96.31	97.54	**99.98**
Potatoes	91.20	89.67	91.02	93.84	92.39	**99.98**
Beet	99.72	92.86	96.15	96.01	96.80	**99.74**
Wheat2	84.97	89.23	89.10	87.82	87.82	**99.90**
Peas	85.15	92.75	95.30	95.76	96.32	**99.77**
Wheat3	99.81	89.86	95.10	96.32	94.60	**99.91**
Lucerne	70.10	89.12	94.10	94.99	95.49	**99.20**
Barley	33.67	88.65	94.83	96.52	97.40	**99.89**
Wheat	94.99	90.44	90.46	91.50	92.57	**92.93**
Grasses	45.20	89.65	82.58	92.84	93.08	**98.71**
Forest	99.88	89.16	93.03	94.57	92.03	**99.97**
Water	88.19	91.24	98.54	99.66	99.42	**100.0**
Buildings	87.35	90.65	90.35	92.18	92.62	**70.32**
总体分类正确率(OA)	88.12	89.56	93.57	94.27	94.85	**97.02**

4.2.3 荷兰 Flevoland 地区的子图数据实验结果

该实验数据为 Flevoland 子图数据，具有 6 个类别。该多极化 SAR 图像大小为 300×270。每类随机取 1% 作为有标记样本。

实验结果由图 4.5 和表 4.3 给出，再一次验证了本章提出的算法 SNCNN 有比同类算法更为优秀的图像处理能力。而 98.87% 的分类正确率也说明了该算法的可行性。本章算法 SNCNN 的分类结果具有更好的可视性，相比于其他算法的错分点凌乱分布，本章算法的错分点主要集中在边界，所以对本章算法 SNCNN的边界部分进行相应的处理可能得到更好的分类结果。

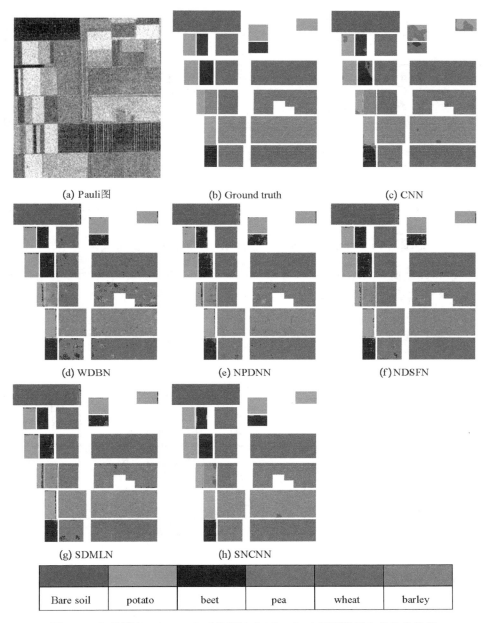

图 4.5 本章算法 SNCNN 和对比算法在 Flevoland 子图数据上的分类结果

表 4.3　本章算法 SNCNN 和对比算法在 Flevoland 子图数据上的分类正确率(%)

算法	类　别						总体分类 正确率(OA)
	Bare soil	potato	beet	pea	wheat	barley	
CNN	99.80	86.95	89.33	90.56	98.56	96.65	93.17
WDBN	96.30	89.49	91.52	99.14	92.48	93.33	94.80
NPDNN	96.30	93.44	89.09	97.56	96.13	94.93	95.69
NDSFN	96.31	93.69	93.85	99.01	97.81	95.79	96.94
SDMLN	97.36	93.45	91.36	99.03	97.05	96.34	97.35
SNCNN	**99.78**	**99.01**	**94.41**	**99.77**	**99.97**	**97.98**	**98.87**

4.2.4　美国 San Francisco 地区的 RADARSAT-2 数据实验结果

该实验数据为 RADARSAT-2 系统获取的 San Francisco 地区的多极化 SAR 图像,图像大小为 1300×1300,类别数为 5,在所有的样本数据中按类别随机选取 1% 的样本作为有标记样本。

本章算法 SNCNN 在该实验数据下的分类正确率如表 4.4 所示,分类结果如图 4.6 所示。

表 4.4　本章算法 SNCNN 和对比算法在 San Francisco 数据上的分类正确率(%)

算法	类　别					总体分类 正确率(OA)
	Water	Vegetation	L-Urban	H-Urban	Developed	
CNN	98.84	81.70	53.71	85.31	62.28	87.96
WDBN	99.86	86.74	50.14	81.43	64.92	88.33
NPDNN	99.94	91.74	69.70	87.95	74.85	92.36
NDSFN	99.98	93.55	75.91	91.15	81.23	94.28
SDMLN	99.98	93.55	75.91	91.15	81.23	94.49
SNCNN	**99.73**	**97.96**	**88.21**	**99.01**	**91.56**	**97.85**

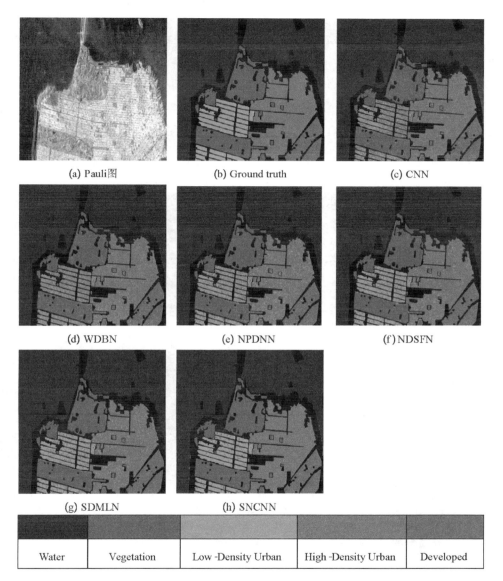

(a) Pauli图　　　　　(b) Ground truth　　　　　(c) CNN

(d) WDBN　　　　　(e) NPDNN　　　　　(f) NDSFN

(g) SDMLN　　　　　(h) SNCNN

Water	Vegetation	Low -Density Urban	High -Density Urban	Developed

图 4.6　本章算法 SNCNN 和对比算法在 San Francisco 数据上的分类结果

　　由图 4.6(h)可以明显看出，本章算法 SNCNN 取得了较好的分类结果，对比其余分类结果图，本章算法 SNCNN 有着明显的可视结果，实验结果图中噪点较少。表 4.4 同样反映了本章算法的可行性，总体 97.85% 的分类正确率比前两章算法的结果都高出 3.5% 左右，比没有加空间信息和无监督预训练的传统

CNN 高出了 10％左右。尤其在低密度城区类，本章算法 SNCNN 比传统 CNN 的结果高出了 34.5％，说明空间信息的加入对于这种复杂的地物也能取得理想的分类结果。在样本数据较少的 Developed 类，半监督的卷积神经网络也取得了理想的分类结果。空间信息和无监督预训练的加入，克服了传统 CNN 对于有标记样本的依赖以及对于多极化 SAR 数据样本选取的困难，本章算法 SNCNN 有着稳定的性能。

4.2.5　西安地区的 RADARSAT-2 数据实验结果

该实验数据为 RADARSAT-2 系统在 C 波段下获取的西安地区的多极化 SAR 图像数据。图像大小为 512×512，类别数为 5，见图 4.7(a)。

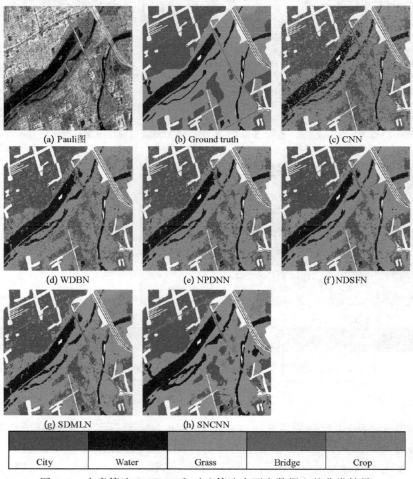

图 4.7　本章算法 SNCNN 和对比算法在西安数据上的分类结果

每类随机选取 1% 的样本作为有标记样本。图 4.7 为本章算法 SNCNN 和对比算法在西安数据上的分类结果，从图中能够明显看出本章算法 SNCNN 有着更好的可视化结果，实验结果图整体较为整洁，噪点较少。对比图 4.7(b)，本章算法 SNCNN 的错分点相对集中，而其余的对比算法错分点较为分散，原因在于本章算法 SNCNN 的图片块输入方式，并且采用了空间信息，在样本数据连续的区域能够得到较好的分类结果。传统的 CNN 算法，其样本选择没有加入空间信息，且采用寻找同类像素块来选择有标记样本，测试样本的选择只是根据其邻域窗口，所以不能取得较好的分类结果。桥梁类和农作物类的样本数据较少，所以在只有 1% 有标记样本的情况下很难取得较好的分类结果，但是从结果图可以看出，本章算法 SNCNN 在一定程度上克服了有标记样本较少的情况，对比其他算法有着更好的分类结果。

从表 4.5 的分类正确率可以看出，本章算法 SNCNN 有着 86.83% 的分类正确率，比前两章方法分别高了 6.21% 和 4.73%，说明本章算法更能够有效地应用于多极化 SAR 图像的地物分类。特别是在桥梁类和农作物类，本章算法取得了 67.21% 和 51.96% 的正确率，要明显高于其他算法在这两类的分类正确率。在无监督预训练和有监督微调的作用下，半监督的卷积神经网络能够降低对有标记样本的依赖，而独特的样本选择方法，能够有效地利用卷积神经网络的图像块输入方式，取得较高的多极化 SAR 图像地物分类的正确率。

表 4.5　本章算法 SNCNN 和对比算法在西安数据上的分类正确率(%)

算法	类别					总体分类正确率(OA)
	City	Water	Grass	Bridge	Crop	
CNN	75.54	76.01	74.23	16.04	12.12	71.40
WDBN	77.06	88.38	74.18	17.43	13.11	73.33
NPDNN	79.03	87.37	80.11	27.39	15.64	77.14
NDSFN	84.54	87.10	82.42	35.78	27.76	80.62
SDMLN	84.43	86.77	80.59	34.30	40.13	82.10
SNCNN	**85.36**	**96.75**	**82.70**	**67.21**	**51.96**	**86.83**

4.3 本章小结

本章将卷积神经网络应用于多极化 SAR 地物分类,考虑到传统的有监督卷积神经网络对有标记样本的需求较大,提出了基于稀疏滤波和近邻保持的半监督卷积神经网络(SNCNN),对于多极化 SAR 数据进行地物分类,我们将超像素方法和近邻关系用于输入样本数据的处理,充分利用了卷积神经网络的图像处理优势,且减少了对标记样本的需求,在多极化 SAR 图像地物分类中取得了较高的分类精度。

第 5 章　基于半监督生成对抗网络的深度学习方法

5.1　生成对抗网络的结构和原理

5.1.1　生成对抗网络的基本思想及结构

生成对抗网络(Generative Adversarial Networks，GAN)一经提出，便掀起了对生成对抗网络研究的热潮。GAN 为最大似然估计提供了另一种方法技巧，极大程度上解决了样本缺乏的问题。GAN 是一种无监督的深度学习方法，顾名思义，GAN 就是两个不同网络之间对抗学习的过程，其包含两个基本的神经网络：即生成网络和判别网络。生成网络(又称生成器 G)用于生成样本，可以从随机采样的噪声 z(服从高斯分布、均匀等分布)中学习到目标样本的分布，其目标就是使生成样本尽可能地逼近真实的训练样本。判别网络(又称判别器 D)用于判断输入数据是来自真实训练样本还是由生成器 G 生成的数据 G(z)，其目标就是尽可能判别出输入数据来自哪个数据分布。GAN 的对抗表现为生成器 G 生成的样本要尽可能地欺骗判别器 D，使其无法做出正确判别；而判别器 D 则是要尽可能地识别两者间的差异。在整个 GAN 对抗学习过程中，生成器 G 和判别器 D 进行交替训练，不断地更新自身的参数，使其最优，以这种互相博弈的方式使两者最终达到纳什平衡[22]。生成对抗网络 GAN 的框架结构如图 5.1 所示。

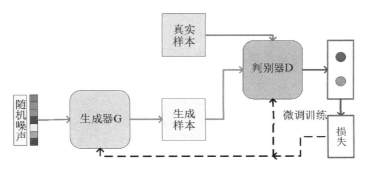

图 5.1　生成对抗网络架构图

5.1.2 生成对抗网络的基本原理

传统的生成对抗网络 GAN 中，判别网络 D 的输出为二分类问题，即对真实训练样本的判定要么为真，要么为假。生成对抗网络 GAN 的优化问题是基于最小最大的博弈问题。换言之，可用值函数 $V(G,D)$ 来表示整个 GAN 的优化函数为

$$\min_G \max_D V(G,D) = \boldsymbol{E}_{x \sim p_{\text{data}}(x)}\big[\log D(x)\big] + \boldsymbol{E}_{z \sim p_z(z)}\big[\log(1 - D(G(z)))\big]$$

$$(5-1)$$

其中，$D(x)$ 表示判别器对输入样本判定为真实样本的概率，$G(z)$ 表示噪声 z 通过生成器后产生的生成样本数据，$p_{\text{data}}(x)$ 是来自真实训练样本 x 的分布，$p_z(z)$ 是来自噪声 z 的分布。

原始 GAN，对于值函数 $V(G,D)$ 优化是判别器 D 和生成器 G 交替进行的，分为极大极小两个过程。

（1）在固定生成器 G 的情况下，使得值函数 $V(G,D)$ 达到极大值，即对判别器 D 的交叉损失熵最小化。故判别网络的损失函数为

$$D_{\text{loss}} = -\boldsymbol{E}_{x \sim p_{\text{data}}(x)}\big[\log D(x)\big] - \boldsymbol{E}_{z \sim p_z(z)}\big[\log(1 - D(G(z)))\big] \quad (5-2)$$

为了求解 D_{loss} 的最小值，式(5-2)可改写为如下形式：

$$\begin{aligned} D_{\text{loss}} &= -\int_x p_{\text{data}}(x)\big[\log D(x)\big] - \int_z p_z(z)\big[\log(1 - D(G(z)))\big] \\ &= -\int_x p_{\text{data}}(x)\big[\log D(x)\big] + p_g(x)\big[\log(1 - D(x))\big]\mathrm{d}x \end{aligned} \quad (5-3)$$

其中，$p_g(x)$ 表示生成样本数据的分布。对 D_{loss} 关于 $D(x)$ 求导为零，即可求得目标函数式(5-3)在

$$D_G^*(x) = \frac{p_{\text{data}}(x)}{p_{\text{data}}(x) + p_g(x)} \quad (5-4)$$

处取得极小值，也就是判别器 D 的最优解。

（2）在固定判别器 D 的情况下，使得值函数 $V(G,D)$ 达到极小值，故生成网络的损失函数为

$$G_{\text{loss}} = \boldsymbol{E}_{z \sim p_z(z)}\big[\log(1 - D(G(z)))\big] \quad (5-5)$$

由以上各式可以看出，当 GAN 达到纳什平衡时，生成器 G 生成的样本分布几乎逼近于真实训练样本的分布，即 $p_{\text{data}}(x) = p_g(x)$，此时判别器 D 的输出恒等于 0.5，即判别器 D 已经无法判别样本来自真实样本还是生成样本，以达到生成样本的有效性。综上所述，GAN 的具体训练算法步骤如表 5.1 所示。

表 5.1　GAN 的具体训练算法步骤

1. 固定生成器 G，对判别器 D 进行训练	· 随机从噪声先验分布 $p_g(z)$ 挑选批量为 m 的噪声样本集 $\{z^{(1)}，\cdots，z^{(m)}\}$。 · 随机从真实样本数据的 $p_{\text{data}}(x)$ 挑选批量为 m 的真实样本集 $\{x^{(1)}，\cdots，x^{(m)}\}$。 · 通过随机梯度上升法来更新判别器 D 的参数为 $$\theta_d \leftarrow \theta_d + \lambda_d \, \nabla_{\theta_d} \frac{1}{m} \sum_{i=1}^{m} \big[\log D(x^{(i)}) - \log(1 - D(G(z^{(i)})))\big] \tag{5-6}$$
2. 固定判别器 D，对生成器 G 进行训练	· 随机从噪声先验分布 $p_g(z)$ 挑选批量为 m 的噪声样本集 $\{z^{(1)}，\cdots，z^{(m)}\}$ · 通过随机梯度下降法来更新生成器 G 的参数为 $$\theta_g \leftarrow \theta_g - \lambda_g \, \nabla_{\theta_g} \frac{1}{m} \sum_{i=1}^{m} \log(1 - D(G(z^{(i)}))) \tag{5-7}$$
说明	其中，λ_d 和 λ_g 分别是判别器 D 和生成器 G 的学习速率，优化算法为批量随机梯度的方法

5.1.3　生成对抗网络的训练技巧

传统的 GAN 训练不稳定，很容易导致模式崩塌。为了使训练稳定，各种基于 GAN 的衍生模型相继被提出。由 Radford 提出的深度卷积生成对抗网络 DC-GAN[76] 主要的改进是在网络结构上，如图 5.2 所示。DCGAN 极大地提升了 GAN 训练的稳定性以及生成结果的质量。

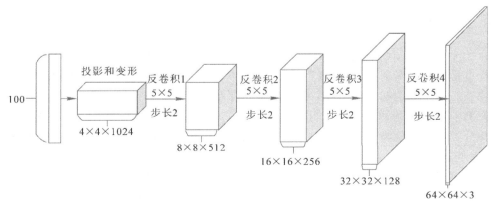

图 5.2　DCGAN 的生成器网络结构[76]

相较原始的 GAN，DCGAN 能改进 GAN 训练的稳定性，其原因主要有以下 5 种。

（1）几乎完全使用了卷积层代替全连接层，判别器 D 几乎是和生成器 G 对称的。

（2）整个网络使用了带步长（Stride）的卷积代替了上采样，卷积在提取图像特征上具有很好的作用。

（3）在网络中使用 batch-norm 层，将特征层的输出进行归一化，加速了训练。

（4）在判别器 D 中使用 LeakyReLU 激活函数，防止梯度稀疏；而生成器 G 中仍采用 ReLU 激活函数，但输出层采用 tanh 激活函数。

（5）使用 Adam 优化器进行优化。

2016 年，由 Salimans 等人提出的 Improved GAN[77] 中基于特征匹配的方法，证明了其对于处理图像分类问题效果很好。传统的 GAN 由生成网络最大化生成样本再经判别网络输出，而特征匹配方法是通过为生成器 G 指定一个新的目标函数，让生成器 G 产生的样本与真实样本在判别器 D 某中间层的响应一致，也就是判别器 D 提取了相似的特征，防止了判别器 D 过度训练，从而稳定了 GAN 的训练。生成器 G 基于特征匹配的目标函数形式如下：

$$\| E_{x \sim p_{\text{data}}(x)} f(x) - E_{z \sim p_z(z)} f(G(z)) \|_2^2 \tag{5-8}$$

其中，$\| \cdot \|_2^2$ 表示 L_2 范数操作，$f(\cdot)$ 表示输入样本在判别网络某一中间层的输出值。

5.2 基于流形正则约束的分类方法

5.2.1 半监督生成对抗网络分类方法

传统的 GAN 是无监督的，其判别器 D 的输出为二分类问题，即判断输入的样本是来自真实训练样本（真）还是生成样本（假）。而在实际图像分类应用中，图像往往是多类别的。2016 年，Odena 提出了 SGAN 模型，用 Softmax 分类器替换判别器 D 的输出层，使其能输出类别标记将扩展为半监督的多分类问题。若待分类的数据集类别数目为 K，那么输出类别的个数将被扩展为 $K+1$ 个，第 $K+1$ 类即表示输入数据来自生成样本。这样判别器 D 即可判定输入数据的真假也可对真实的样本进行分类。在这种情况下，判别器 D 也是一个分类器 C，故可称其为 D/C 网络结构。判别器 D 通过学习标记样本的类别分布信息以及无标记样本的数据分布信息来指导生成器 G 提高生成样本的质量，减少其训练时间。

SGAN 模型架构图如图 5.3 所示。

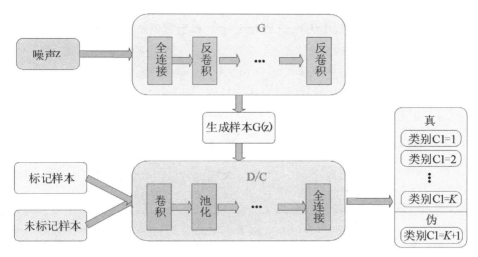

图 5.3　SGAN 模型架构图

由图 5.3 可以看出，分类器最终输出类别数为 $K+1$，其中真实标记样本类别为 K，但对于图像分类问题，测试样本只有 K 类，这将导致 Softmax 分类器公式存在参数冗余。因此考虑到 Softmax 函数的一个特性，当输入各维度减去同一个数值，将不会改变 Softmax 的输出值，即

$$\text{Softmax}(x_i - c) = \frac{\exp(x_i - c)}{\sum_j \exp(x_j - c)} = \frac{\exp(x_i)/\exp(c)}{\sum_j \exp(x_j)/\exp(c)} = \text{Softmax}(x_i)$$

$$(5-9)$$

其中，x_i 表示判别器 D 的最后一层输出，c 表示常数。若对判别器 D 最后一层输出的第 $K+1$ 类的权值 l_{K+1} 设置为 0，则对于样本 x_i 被判别器 D 划分为第 j 类的概率公式为

$$P_{\text{model}}(y = j \mid x_i) = \frac{\exp(l_j)}{\sum_{k=1}^{K+1} \exp(l_k)} = \frac{\exp(l_j)}{\sum_{k=1}^{K} \exp(l_k) + 1} \qquad (5-10)$$

由式 (5-10) 可以看出，只输出 K 类就可以实现输入数据的真假判断和对真实的样本分类。其中，$P_{\text{model}}(y=j|x_i)$ 表示样本 x_i 被分类为第 j 类的概率大小，l_j 表示为样本 x_i 在判别器 D 最后一层的第 j 个节点所对应的输出值。

判别器 D 的损失函数，包含有监督损失函数和无监督损失函数两部分。

(1) 有监督损失函数就是带标记样本的交叉损失熵，其表示形式如下：

$$\text{Loss}_{\text{supervised}} = -E_{x, y \sim P_{\text{data}}(x, y)} \log P_{\text{model}}(y \mid x, y < K+1) \qquad (5-11)$$

其中，$P_{\text{data}}(x,y)$表示标记样本的标记和对应样本的联合分布，$E(\cdot)$表示求期望。

（2）无监督损失函数由无标记的真实样本和生成器 G 生成的样本的二分类的损失熵来表示，其形式如下：

$$
\begin{aligned}
\text{Loss}_{\text{unsupervised}} = &-E_{x \sim P_{\text{data}}(x)} \log[1 - P_{\text{model}}(y = K+1 \mid x)]\\
&-E_{x \sim P_g(x)} \log[P_{\text{model}}(y = K+1 \mid x)]
\end{aligned} \tag{5-12}
$$

式（5-12）中等号右边两部分可以用下式来表示：

$$
\begin{aligned}
\text{Loss}_{\text{unsupervised}} = &-E_{x \sim P_{\text{data}}(x)} \left\{ \log\Big[\sum_{j=1}^{K} \exp(l_j)\Big] + \log\Big[1 + \sum_{j=1}^{K} \exp(l_j)\Big] \right\}\\
&+E_{x \sim P_g(x)} \log\Big[1 + \sum_{j=1}^{K} \exp(l_j)\Big]
\end{aligned} \tag{5-13}
$$

因此，整个判别器 D 的损失函数为

$$
\text{Loss}_D = p \times \text{Loss}_{\text{supervised}} + (1-p) \times \text{Loss}_{\text{unsupervised}} \tag{5-14}
$$

式（5-14）中，p 为监督损失占整个判别器 D 损失的比例，取值范围为$[0,1]$，当 p 为 0 时，整个网络退化为原始的 GAN 网络，当 p 为 1 时，整个网络退化相当于监督的卷积网络。

5.2.2　生成对抗网络的流形正则约束

流形正则是应用到半监督学习中的经典约束方法。若高维数据采样于一个低维流形，并且分类器 f 在流形上具有某种比较好的性质，那么这种经典约束方法就可以用大量的无标记样本学习出数据中的内在几何结构，用以改善分类器的性能。无标记数据可以用 GAN 进行大量生成，其前提是基于 GAN 的两个假设：GAN 能够对图像上的分布进行建模，使来自于生成器 G 的样本近似于真实图像 x 的边缘分布；GAN 可以学习到图像流形结构。具体来说，假设令生成器 G 学习从具有坐标 z 的低维潜在空间到嵌入在更高维空间中的图像流形的映射，便可通过取对应 z 的导数来计算流形上的梯度[78]。

然后，根据上述两个假设，通过蒙特卡罗积分有效地逼近拉普拉斯范数和相关的正则化项，所以列出了近似流形梯度 $\Omega(f)$ 的每个近似步骤上的相关假设如下所示：

$$
\begin{aligned}
\Omega(f) = \int_{x \in M} \parallel \nabla_M f \parallel_F \mathrm{d}P &\overset{(1)}{\approx} \frac{1}{n} \sum_{i=1}^{n} \parallel \nabla_M f(G(z^{(i)})) \parallel_F\\
&\overset{(2)}{\approx} \frac{1}{n} \sum_{i=1}^{n} \parallel \boldsymbol{J}_z f(G(z^{(i)})) \parallel_F
\end{aligned} \tag{5-15}
$$

这里，$\boldsymbol{J}_z$ 表示分类器 f 关于潜在变量 z 的偏导数的雅可比矩阵，在模型学习期

间计算 $\Omega(f)$ 的梯度对于深度神经网络是不太现实的，因为它需要计算具有大量参数的模型的 Hessian 矩阵。因此，为能有效地计算，可以使用随机有限差分来近似梯度项。

鉴于上述问题中流形梯度大小难以计算，对于 GAN 模型，我们采用了以下近似值进行代替，它在流形梯度的方向上使用了可调大小的步长 ε，从而忽略梯度的大小，同时在其方向上实现平滑，可以表示为。

$$\Omega_{\text{manifold}} = \frac{1}{n} \sum_{i=1}^{n} \| f(G(z^{(i)})) - f(G(z^{(i)}) + \varepsilon \upsilon(z^{(i)})) \|_F^2 \qquad (5-16)$$

其中，$f(\bullet)$ 表示判别网络的输出值，$G(z^{(i)})$ 表示生成器 G 通过噪声 $z^{(i)}$ 生成的样本，$\upsilon(z^{(i)}) = G(z^{(i)} + \eta \vec{\delta}) - G(z^{(i)})$，$\vec{\delta}$ 是具有可调步长 η 的 z 处的流形梯度的近似单位向量，并且该向量的元素服从均值为 0，标准差为 1 的正态分布。

5.2.3　网络模型和分类方法

结合上述两小节 5.2.1 和 5.2.2 的描述，本节提出了基于流形正则约束的半监督生成对抗网络 MRC-SGAN，本方法中生成器 G 的损失函数选择的是基于特征匹配的目标函数，如式（5-8）所示。而最终的判别器 D 的损失函数为

$$L_D = p \times \text{Loss}_{\text{supervised}} + (1-p) \times \text{Loss}_{\text{unsupervised}} + \gamma_m \Omega_{\text{manifold}} \qquad (5-17)$$

其中，p 为监督损失函数所占的比重，γ_m 是流形正则化的惩罚系数。

因此，用本章提出的 MRC-SGAN 方法进行多极化 SAR 图像地物分类的具体步骤如下。

1）准备用于实验的多极化 SAR 数据集

首先，将多极化 SAR 数据的散射矩阵转化为我们所需要的相干矩阵的形式，再通过经典 Lee 滤波的方法对相干矩阵进行滤波去噪。然后对每个像素提取去噪后的相干矩阵，取上三角中主对角线 3 个元素以及其余 3 个复数元素的模值构成 6 维特征向量。接着，对每个具有 6 维特征向量的像素进行取块操作，即以目标像素为中心选取大小为 W 的 patch 图像块，得到所需的样本集，其中每个样本大小为 $W \times W \times 6$ 的 3 阶张量。最后对样本集中的每一类按照一定比例随机挑选出样本，构成有标记的训练数据集，剩余的所有样本作为无标记的数据集。

2）构造 MRC-SGAN 网络

对于生成器 G，采用了 4 层反卷积网络结构，第一层为全连接层，节点数为 $C \times C \times 64$，其中 C 的大小是根据图像块 W 和卷积核调节的。其余 3 层都是反卷积层，每层节点数 32、16 和 6。输入的噪声服从正态分布，其潜在空间大小为 100。每一个反卷积层都使用了步长为 2 的 3×3 卷积核，并且除了输出层，每一

层都使用了 BatchNorm(BN)和激活函数 ReLU，而输出层使用 tanh 作为激活函数。对该网络中每层参数进行随机初始化，得到初始化后的生成器 G。对于判别器 D，采用了 7 层的网络结构，包括 5 层卷积网络、一个全局池化层和一个全连接层。卷积网络每层的节点数分别为 32、32、64、64 和 128，并且使用 LeakyReLU 作为激活函数和 BN 进行权值正则。最后的全连接层的节点数为 K，其中 K 为待分类的多极化 SAR 数据的类别数。对该网络中每层参数进行随机初始化，得到初始化后的判别器 D。

3）训练生成器 G 和判别器 D

本章提出的算法是基于小批量数据训练的，首先从正态分布中随机生成数量为 batch_size、维度和生成器 G，的输入节点数相同的噪声，把噪声输入到生成器 G 中输出生成样本。再从有标记的训练数据集和无标记的数据集中分别随机挑选大小同为 batch_size 的样本集。固定生成器 G，将生成样本、带标记的样本和无标记的样本一起输入到判别器 D 中，根据式(5 - 6)计算判别器 D 的损失值，通过优化器 Adam 对判别器 D 中的参数进行更新，学习率为 0.0003。固定判别器 D，根据式(5 - 7)计算生成器 G 的损失值，通过优化器 Adam 对生成器 G 中的参数进行更新，学习率为 0.0003。最后，判定是否达到设置的最大迭代次数，若是则停止训练，否则两者继续不断对抗训练。

4）得到多极化 SAR 图像分类结果

将要分类的多极化 SAR 数据输入到已经训练好的判别器 D 中进行分类，得到由 Softmax 分类器输出的每类的概率值，求得最大概率所对应的索引就是该样本的类别数。最后，计算正确率和生成分类的标记结果图。

本章提出的 MRC-SGAN 的网络结构示意图如图 5.4 所示，其中生成器 G

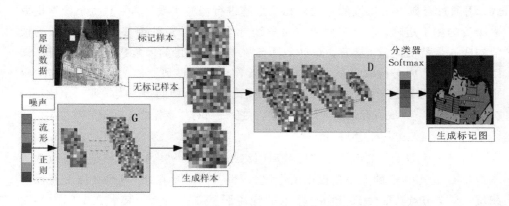

图 5.4 MRC-SGAN 的网络结构示意图

和判别器 D 是基于 DCGAN 网络结构进行改进的，有标记样本和无标记样本都是基于原始数据提取特征后，以每个样本为中心进行取块操作得到小 patch 块图的。

5.3　基于自注意力模型的半监督生成对抗网络方法

5.3.1　自注意力模型

注意力模型（Attention Model）模仿了生物观察行为的内部过程，即一种将内部经验和外部感觉结合从而增加部分区域的观察精细度的机制。注意力模型可以快速提取稀疏数据的重要特征，因而被广泛用于自然语言处理任务，特别是在机器翻译方面。而自注意力模型（也称为内部注意力 intra-attention）是对注意力模型的改进，其减少了对外部信息的依赖，更擅长捕捉数据或特征的内部相关性。自注意力模型的核心思想是在计算每个像素位置输出时候，不再只和邻域计算，而是要和图像中所有位置都计算相关性，然后将相关性作为一个权重来表征其他位置和当前待计算位置的相似度。2018 年，由 Zhang H 等人提出的 SAGAN[79] 将自注意力模型应用到 GAN 网络中，允许对图像生成任务进行注意力驱动及长相关性的建模。在 SAGAN 中，生成器 G 可用以生成每个位置的细节与图像的远处部分中的细节密切相关的图像。此外，判别器 D 还可以更加精确地对图像的全局结构进行复杂的几何约束。自注意力模型的网络结构示意图如图 5.5 所示。

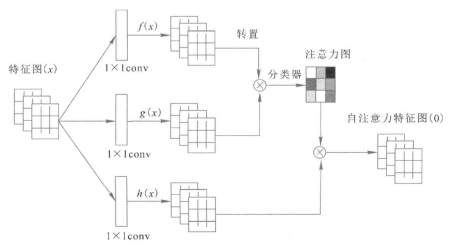

图 5.5　自注意模型的网络结构示意图

根据图 5.5 的描述，其中，输入特征来自于先前网络的隐藏层 $x \in \mathbf{R}^{C \times N}$，$C$ 为特征图的数目，N 为每个特征图中像素的总数。特征空间 $f(x)$、$g(x)$ 和 $h(x)$ 是输入特征 x 经过一个 1×1 卷积核得到的，分别表示如下：

$$f(x) = \mathbf{W}_f x, \ g(x) = \mathbf{W}_g x, \ h(x) = \mathbf{W}_h x \tag{5-18}$$

其中，$\mathbf{W}_f \in \mathbf{R}^{b \times C}$、$\mathbf{W}_g \in \mathbf{R}^{b \times C}$ 和 $\mathbf{W}_h \in \mathbf{R}^{b \times C}$ 分别是对应 1×1 卷积核的权重矩阵，通常取 $b = C/8$。然后再通过特征空间 $f(x)$ 和 $g(x)$ 去计算注意力，公式为

$$\beta_{j,i} = \frac{\exp(s_{ij})}{\sum_{i=1}^{N} \exp(s_{ij})}, \ \text{其中} \ s_{ij} = f(x_i)^{\mathrm{T}} g(x_i) \tag{5-19}$$

由式(5-19)可以看出，先对特征空间 $f(x)$ 转置后和特征空间 $g(x)$ 进行乘积运算，再将结果输出到 Softmax 中。$\beta_{j,i}$ 表示在合成第 j 个特征时模型中第 i 个位置参与的程度。

自注意力层的输出为 $o = (o_1, o_2, \cdots, o_j, \cdots, o_N) \in \mathbf{R}^{C \times N}$，其中 o_j 表示为

$$o_j = \sum_{i=1}^{N} \beta_{j,i} h(x_i) \tag{5-20}$$

此外，我们进一步将自注意力层的输出乘以比例参数 γ 并与输入进行叠加合并。因此，最终输出可以由下式表示：

$$y_i = \gamma o_i + x_i \tag{5-21}$$

其中 γ 被初始化为 0，这可令网络首先仅仅依赖于局部邻域的信息，使得学习更容易，然后学会逐渐为非局部信息分配更多权重，以实现对图像全局信息的提取。

5.3.2　生成对抗网络的谱正则化

2018 年，T. Miyato 等[80]提出将谱正则化(SN)应用到 GAN 中。最初仅仅是对判别器 D 应用 SN 来稳定 GAN 的训练，通过限制每层的谱范数来约束判别器 D 的 Lipschitz 常数。相比于其他正则化方法，SN 不需要额外的超参数调整，并且，其计算成本也相对较小。最近的证据也表明对生成器 G 的调节也是 GAN 表现良好性能的重要原因[81]，其中谱正则化同样对生成器 G 的调节有益。在生成器 G 中的谱正则化可以防止参数幅度的增加并避免异常的梯度。SN 实际上是将每层的参数矩阵除以自身的最大奇异值，其本质上是一个逐层 SVD 的过程，但求解 SVD 的过程将耗费大量的计算资源，因此以幂迭代的方法进行近似计算，步骤如下：

(1) 随机初始化一个高斯向量 v_l^0，其中 l 表示网络中的第 l 层。

(2) 进行 K 次循环求得谱范数，其中 K 是迭代的次数。

循环开始 $k = 1, \cdots, K$：

$$u_l^k = W_l v_l^{k-1} \qquad 对 \ u_l^k \ 归一化：u_l^k = \frac{u_l^k}{\parallel u_l^k \parallel} \qquad (5-22)$$

$$v_l^k = W_l^{\mathrm{T}} u_l^k \qquad 对 \ v_l^k \ 归一化：v_l^k = \frac{v_l^k}{\parallel v_l^k \parallel} \qquad (5-23)$$

结束循环。

计算谱范数：

$$\sigma_l(W_l) = (u_l^k)^{\mathrm{T}} W_l v_l^k \qquad (5-24)$$

（3）计算最终的谱归一化：

$$SN(W_l) = \frac{W_l}{\sigma_l(W_l)} \qquad (5-25)$$

本章节中，我们也在 MRC-SGAN 的网络的基础上，将生成器 G 和判别器 D 中的 BN 替换为 SN。

5.3.3　算法步骤

本小节对提出的 SASGAN 算法在多极化 SAR 图像地物分类上的步骤进行描述。

（1）准备实验的数据集并对其进行预处理。其方法与 5.2.3 节的 1）相同。

（2）构造 SASGAN 的网络结构。

对于生成器 G，我们采用了 5 层网络结构，第一层为全连接层，节点数为 $C \times C \times 64$，其中 C 的大小可以调节。接下来的 3 层都是反卷积层，每层节点数 32、16 和 6，附带一个输出层。本节提出的算法是在网络的第 2 层与第 3 层加入注意力模块，其中都使用了 1×1 的卷积核，节点数分别为 4、4 和 32。生成器 G 的输入采用了正态分布随机生成的噪声，其噪声大小为 batch_size，维度为 100。反卷积层采用了卷积核大小为 3×3 的滑动窗口，其滑动步长为 2。除了输出层，对每一层都先用 SN 对权重进行正则化再通过激活函数 ReLU，而输出层使用 tanh 作为激活函数。对生成器 G 中每层参数进行随机初始化。

对于判别器 D，采用了 8 层的网络结构，包括 5 层卷积网络层、一个自注意力模块层、一个全局池化层和一个全连接层。其中卷积网络每层的节点数分别为 32、32、64、64 和 128，自注意力模块中节点数分别是 8、8 和 64，对每一层还是先用 SN 对权重进行正则化再通过激活函数 LeakyReLU。全连接层的节点数为待分类的多极化 SAR 数据的类别数 K。对判别器 D 中每层中的参数进行随机初始化。

（3）训练网络。其步骤与 5.2.3 章节的 3）相同。

（4）对实验的多极化 SAR 数据分类，得到分类结果并生成最终的分类结果图。

5.4 实验结果与分析

本小节对实验结果及参数进行了分析。所用的实验数据为 4 个不同的真实多极化 SAR 图像数据，每个测试图像中都随机从每类中挑选 1% 的带标记的样本作为标记训练样本集，其余作为无标记样本集。

本章的对比算法包括 CNN、NDSFN、SGAN（基于半监督生成对抗网络）以及 5.2.3 节提出的 MRC-SGAN，还有引入自注意力模型的 CNN(SACNN)。对于各对比算法的实验参数设置，其中 CNN 算法与本章所提出算法的判别器 D 结构相同；NDSFN 算法中各隐含层的节点数分别为 25、100 和 150，近邻保持正则参数为 3×10^4，权重衰减系数为 0.001，近邻个数 $M = 10$。

对本节算法 SASGAN，据以往调参经验及多次实验的结果，选择了最优的参数组合。其中，批量（batch）大小设置为 32，监督损失所占比例 p 为 0.5，流形正则约束损失项惩罚系数 γ_m 为 0.001，且流形正则约束公式中可调步长设置为 $\eta = 10^{-5}$ 和 $\varepsilon = 10^{-3}$。

5.4.1 荷兰 Flevoland 地区的子图数据实验结果

为了说明 SN 对本章所提出算法的有效性，本小节先在子图（也称为小农田）上进行实验对比，并分析正则化方法 BN 和 SN 对算法的影响，如图 5.6 所示。

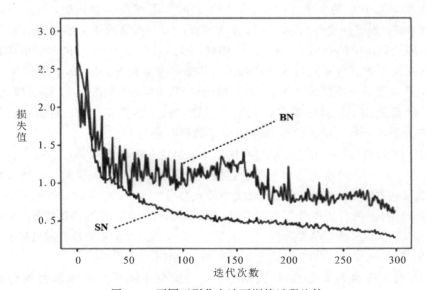

图 5.6 不同正则化方法下训练过程比较

由图 5.6 可以看出，本章所提出的 SASGAN 算法使用 SN 正则项后，其训练过程中损失函数的收敛速度和稳定性都较优于 BN。

如图 5.7(a)和(b)，分别是 Flevoland 地区子图的 Pauli 图和 Ground truth 图，不同算法的分类结果如图 5.7(c)～(h)所示，定量的分析结果见表 5.2。

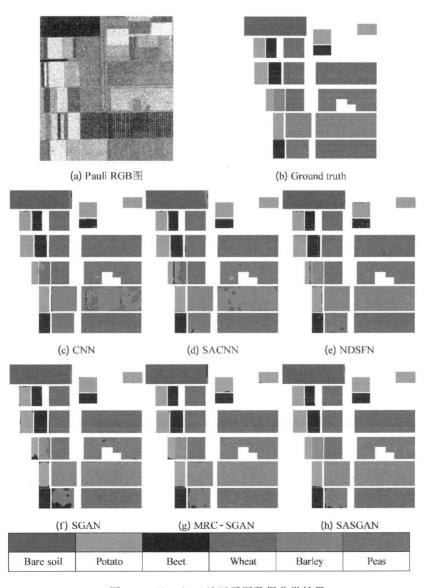

(a) Pauli RGB图　　　　　　(b) Ground truth

(c) CNN　　　　　(d) SACNN　　　　　(e) NDSFN

(f) SGAN　　　　(g) MRC‐SGAN　　　　(h) SASGAN

| Bare soil | Potato | Beet | Wheat | Barley | Peas |

图 5.7　Flevoland 地区子图数据分类结果

结合图表可以得出，本章提出的 SASGAN 算法的总体分类正确率最高为 99.12%，相比于 MRC-SGAN 算法，提升了 0.40%。而 SACNN 比 CNN 提升了 2.95%，这说明了引入自注意力模型，可以有效提升分类正确率。

表 5.2　Flevoland 地区小农田数据分类正确率(%)

类别	CNN	SACNN	NDSFN	SGAN	MRC-SGAN	SASGAN
Bare soil	95.82	93.45	96.31	97.33	97.76	**98.28**
Potato	**99.61**	97.49	93.69	94.51	97.87	99.14
Beet	91.43	93.11	93.85	99.11	**99.91**	96.71
Wheat	99.83	99.42	99.01	99.80	99.87	**100**
Barley	71.02	86.70	97.81	95.66	98.30	**99.33**
Peas	96.68	97.91	95.79	90.14	97.37	**98.65**
总体分类正确率(OA)	92.19	95.14	96.93	96.61	98.72	**99.12**
AA	92.39	94.68	96.07	96.09	98.51	**98.69**
kappa	89.99	93.83	96.10	95.70	98.38	**98.88**

5.4.2　荷兰 Flevoland 地区的 AIRSAR 数据实验结果

Flevoland(荷兰地区)的 AIRSAR 数据，也称大农田数据，其图像大小为 750×1024，图 5.8 (a)和(b)分别表示其 Pauli 图和 Ground truth 图。图 5.8 (c)~(f)分别是不同算法分类结果图，可以直观地看出本章算法在各类别上具有较少错分点，尤其是在 Beet 和 Wheat2 类别上。

表 5.3 给出了分类正确率，本章提出的算法具有最高的总体分类正确率为 98.32%，虽然相比较于 MRC-SGAN 只提升了 0.41%，但综合 SACNN 相比于 CNN 提升了 4.17% 的比较，更近一步验证了自注意力模型的有效性。

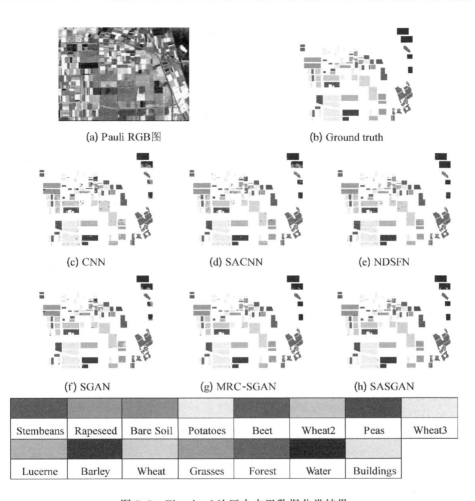

(a) Pauli RGB图 　　　　　(b) Ground truth

(c) CNN　　　　　(d) SACNN　　　　　(e) NDSFN

(f) SGAN　　　　　(g) MRC-SGAN　　　　　(h) SASGAN

Stembeans	Rapeseed	Bare Soil	Potatoes	Beet	Wheat2	Peas	Wheat3
Lucerne	Barley	Wheat	Grasses	Forest	Water	Buildings	

图 5.8　Flevoland 地区大农田数据分类结果

表 5.3　Flevoland 地区大农田数据分类正确率(%)

类别	CNN	SACNN	NDSFN	SGAN	MRC-SGAN	SASGAN
Stembeans	97.32	98.65	96.73	96.73	99.39	**99.52**
Rapeseed	80.44	93.89	90.15	92.36	98.05	**98.83**
Bare Soil	93.73	**99.27**	96.31	91.24	98.04	96.93
Potatoes	96.96	97.57	93.84	98.89	99.44	**99.67**

续表

类别	CNN	SACNN	NDSFN	SGAN	MRC-SGAN	SASGAN
Beet	97.31	95.22	96.01	99.57	98.81	**99.89**
Wheat2	69.21	80.92	87.82	93.80	97.08	**98.58**
Peas	96.52	96.36	95.76	99.46	99.03	**99.50**
Wheat3	95.00	96.96	96.32	**98.82**	98.45	98.41
Lucerne	96.36	**97.64**	94.99	96.54	96.67	96.48
Barley	96.07	99.14	96.52	96.59	96.08	99.51
Wheat	96.94	96.68	91.50	**98.47**	98.16	98.33
Grasses	51.79	69.60	**92.84**	81.73	89.87	89.55
Forest	93.46	97.78	94.57	98.56	99.24	**99.86**
Water	75.44	80.35	**99.66**	82.76	97.56	96.86
Buildings	82.94	99.45	92.18	**99.72**	99.17	99.45
总体分类 正确率(OA)	89.27	93.44	94.33	95.45	97.91	**98.32**
平均分类 正确率(AA)	87.95	93.29	94.34	95.02	97.67	**98.09**
系数 (kappa)	88.32	92.85	93.83	95.04	97.72	**98.17**

5.4.3 美国 San Francisco 地区的 RADARSAT-2 数据实验结果

San Francisco 地区的图像大小为 1300×1300，如图 5.9(a)所示，对应的真实地物标签如图 5.9(b)所示，包含了 5 种不同的地物信息。图 5.9(c)～(h)分别表示了不同算法实验所得的分类结果图，可以直观地看出本章所提出的 SASGAN 算法在每一类别上具有较少的错分像素点，尤其是 Low-Density Urban 类和 Developed类。

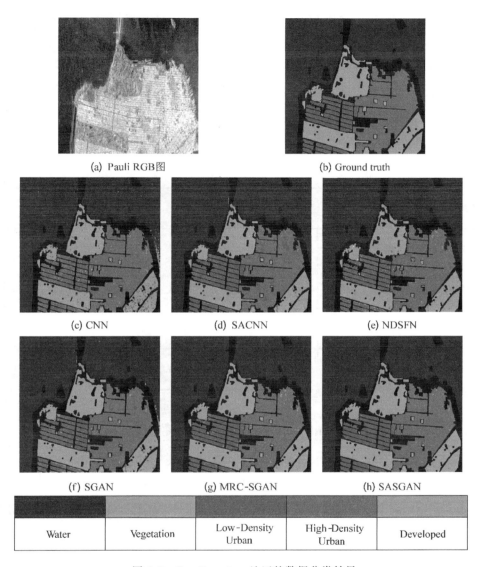

<table>
<tr><td>Water</td><td>Vegetation</td><td>Low-Density Urban</td><td>High-Density Urban</td><td>Developed</td></tr>
</table>

图 5.9　San Francisco 地区的数据分类结果

表 5.4 是其定量的分析结果表，从中可以得出，相比于其他算法，本章算法 SASGAN 在总体正确率上是最高的，达到了 98.87%，提升了 0.97%～7.4%。尤其是在 Low-Density Urban 和 Developed 类上，相比于上章算法 MRC-SGAN，分别提升了 5.13% 和 5.56%，充分说明了加入自注意力模型，更好地提取到了图像的全局信息，增强了其分类性能。

表 5.4 San Francisco 地区的数据分类正确率(%)

算法	类　别					总体分类正确率(OA)	平均分类正确率(AA)	系数(kappa)
	Water	Vegetation	Low-Density Urban	High-Density Urban	Developed			
CNN	98.64	92.59	42.87	95.78	67.40	91.47	79.65	87.01
SACNN	99.74	93.54	81.54	84.09	86.81	93.89	89.14	90.01
NDSFN	99.98	93.55	75.91	91.15	81.23	94.28	88.36	91.26
SGAN	99.68	96.24	58.03	95.10	84.78	94.02	86.77	90.92
MRC-SGAN	**99.99**	**97.14**	92.13	96.88	92.27	97.90	95.68	96.82
SASGAN	**99.99**	96.43	**97.79**	**98.65**	**97.40**	**98.87**	**98.05**	**98.31**

5.4.4　德国 Oberpfaffenhofen 地区的 E-SAR 数据实验结果

在 Oberpfaffenhofen 地区所得图像大小为 1300×1200，空间分辨率为 3m×3m，如图 5.10(a)所示。该多极化 SAR 数据有 5 种不同的地形相互交错在一起，其 Ground truth 如图 5.10(b)所示。图 5.10(c)~(h)为不同算法测试得出的分类结果图，可以直观地看出每类中错分像素点所在位置，且本章算法SASGAN在 Road 上要优于其他算法。

表 5.5 定量分析了各类正确率及评价指标，本章所提出的算法 SASGAN 的总体分类精度为 85.20%，相比于 MRC-SGAN 算法提升了 2.56%，尤其是在 Road 上，其正确率为 71.00%，而对比算法最高才为 61.01%左右，提升了将近 10%。说明了在道路这种异质区域，对图像加入自注意力模型，更能学习到每类的结构信息，提升其正确率。

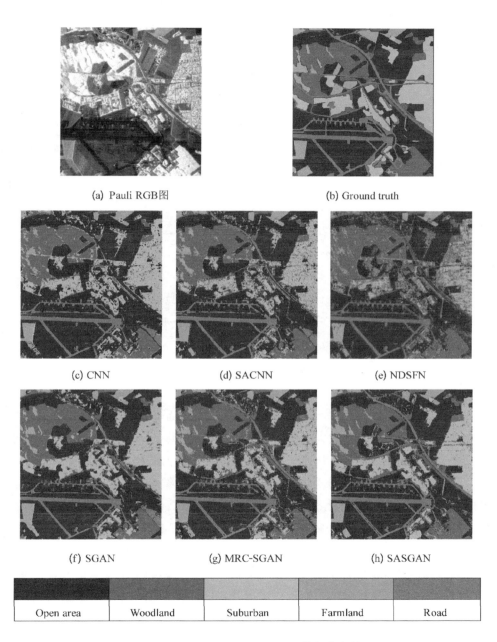

(a) Pauli RGB图

(b) Ground truth

(c) CNN

(d) SACNN

(e) NDSFN

(f) SGAN

(g) MRC-SGAN

(h) SASGAN

| Open area | Woodland | Suburban | Farmland | Road |

图 5.10　Oberpfaffenhofen 地区的数据分类结果

表 5.5　Oberpfaffenhofen 地区的数据分类正确率(%)

类别	CNN	SACNN	NDSFN	SGAN	MRC-SGAN	SASGAN
Open area	88.50	**88.95**	89.15	86.59	88.87	**88.64**
Woodland	80.96	74.33	85.26	87.25	87.19	**88.79**
Suburban	80.65	76.01	65.34	87.44	84.14	**87.73**
Farmland	41.85	52.49	63.82	48.99	57.86	**68.47**
Road	42.38	54.20	52.90	51.55	61.01	**71.00**
总体分类 正确率(OA)	77.66	79.78	78.92	80.39	82.64	**85.20**
平均分类 正确率(AA)	66.87	71.20	71.29	72.36	75.81	**80.92**
系数 (kappa)	66.38	69.81	69.97	71.11	74.36	**79.02**

5.5　本 章 小 结

　　本章提出了基于流形正则约束的半监督生成对抗网络的分类方法，经过对抗学习，生成网络可以生成大量无标记的样本，而流形正则约束可以充分利用这些大量生成的无标记样本，从而学习出数据内在的几何结构，然后利用这种结构和少量的标记样本去训练分类器，得到较准确的分类结果。之后本章又提出了基于自注意力模型的半监督生成对抗网络的分类方法，该方法对 MRC-SGAN 算法中由于使用卷积网络无法得到图像的全局信息，影响其分类性能的问题进行了改进。对生成网络和判别网络都加入自注意力模块，有利于生成网络生成更为细节的图像样本以及判别网络更为准确地对全局图像结构实施复杂的几何约束。同时引入 SN 正则使模型稳定性进一步提升，并加快其收敛速度。通过在四种不同成像系统下获得的多极化 SAR 数据的实验分析，验证了本章所提出的 SAS-GAN 方法的有效性。

第6章 基于图卷积网络的深度学习方法

6.1 图神经网络概述

6.1.1 图网络模型

虽然深度学习在欧几里得空间数据(如:图像、文本、视频、音频等)上取得了巨大成功,但是有越来越多的应用需要从非欧几里得空间生成的图数据进行有效的分析。例如,在电子商务领域,一个基于图的学习系统能够利用用户和产品之间的交互实现高度精准的推荐[82-83];在化学领域,分子可以很自然地建模为图数据,新药研发需要测定其生物活性[84-85];在论文引用网络中,论文以节点呈现,论文之间的关系以引用边的连接表示,需要将它们分成不同的类别[86-87]。图数据的复杂性对现有机器学习方法提出了重大挑战,因为图数据是不规则的。每张图大小不同、节点无序,一张图中的每个节点都有不同数目的邻近节点,使得一些在图像中容易计算的重要运算(如卷积)不能再直接应用于图数据。此外,现有机器学习方法的核心假设是实例彼此独立。然而,图数据中的每个实例都与周围的其他实例相关,含有一些复杂的连接信息,用于捕获数据之间的依赖关系,包括引用关系、朋友关系和相互作用关系。

图神经网络作为深度学习在非欧几里得空间(即图数据)上的扩展,首先是由 Gori 等人[88]于 2005 年提出,并由 Scarselli 等人[89]于 2009 年进一步阐明的。这些早期的研究以迭代的方式通过循环神经架构传播邻近信息来学习目标节点的表示,直到达到稳定的固定点。该过程所需计算量庞大,而近来也有许多研究在致力于解决这个难题[90-91]。

受卷积网络在计算机视觉领域获巨大成功的启发,近来出现了很多为图数据重新定义卷积概念的方法。这些方法属于图卷积网络(GCN)的范畴。Bruna 等人[92]于 2013 年提出了关于图卷积网络的第一项重要研究,他们基于图谱理论开发了一种图卷积的变体。自此,基于谱的图卷积网络得到不断改进、拓展和进阶[84,86,93-95]。由于谱方法通常同时处理整个图,并且难以并行或扩展到大图上,使基于空间的图卷积网络开始快速发展[97-99]。这些方法通过聚合近邻节点的信息，直接在图结构上执行卷积。结合采样策略，计算可以在一个批量的节点而不是在整个图中执行[98]，这种做法有望提高效率。

总之，图卷积网络是大多数图神经网络的基础，其方法可分为两类：基于图谱理论的图卷积网络方法和基于空间的图卷积网络方法。谱方法是从图信号处理的角度引入滤波的概念来定义图卷积操作的，其中图卷积操作被解释为从图信号中滤除噪声。而空间方法定义图卷积是从节点的近邻节点中聚合特征信息。后续的图神经网络方法，如图注意力网络（GAT）[87,100]、图自编码器（GAE）[101]、图生成网络（Graph GGN）[102]以及图时空网络（GSTN）[103]等，都是在其基础上的改进和扩展。

6.1.2　图卷积网络原理

图卷积将卷积操作从欧几里得空间推广到非欧几里得空间。图卷积网络是卷积神经网络在图结构数据上的推广。卷积神经网络是基于规则形状近邻空间的特征学习，而图卷积网络是基于任意形状近邻空间的特征学习。这种任意形状近邻空间可以用图结构数据来描述。对于无向图 $G=(V,E)$，图卷积网络使用以下特征：

（1）节点特征：每个节点 i 都有其特征 $x_i \in \mathbf{R}^M$，$i=1,\cdots,N$，可以用矩阵 $\mathbf{X} \in \mathbf{R}^{N \times M}$ 表示。其中 N 表示节点数，M 表示每个节点的特征维数。

（2）图结构特征：图结构上的信息可以用图矩阵 $\mathbf{A}$ 表示。

我们的目标是提取出这种广义图结构的特征，进而完成后续任务，如节点分类任务，并且该任务可以看作是一个标准的结构化特征分类问题。因此我们要求模型产生一个节点级的输出。

对于结构化特征分类问题，如果用神经网络设计一种非线性函数对其建模，有

$$\mathbf{H}^{(l+1)} = f(\mathbf{H}^{(l)}, \mathbf{A}) \qquad (6-1)$$

其中，$\mathbf{H}^{(0)}=\mathbf{X}$，$\mathbf{X}$ 表示输入的特征向量；$f(\cdot)$ 表示非线性函数。模型设计主要在于 $f(\cdot)$ 的选择和参数化。

考虑一种简单的单层前向传播形式：

$$f(\mathbf{H}^{(l)}, \mathbf{A}) = \sigma(\mathbf{A}\mathbf{H}^{(l)}\mathbf{W}^{(l)}) \qquad (6-2)$$

其中，$\mathbf{W}^{(l)}$ 是神经网络第 l 层可学习权重（参数）矩阵，$\sigma(\cdot)$ 是非线性的激活函数，如 ReLU、Sigmoid 等。

从式（6-2）可以看出：

（1）图矩阵 $\boldsymbol{A}$ 乘以 $\boldsymbol{H}$ 和 $\boldsymbol{W}$，意味着对于网络该层每一个节点可以聚合它的近邻节点的特征向量，但是没有包含节点本身（考虑图中的自连接）。所以，我们需要对图进行强行加环，即在图矩阵上加一个单位矩阵。

（2）图矩阵 $\boldsymbol{A}$ 没有进行归一化，这会导致 $\boldsymbol{H}$ 和 $\boldsymbol{W}$ 与 $\boldsymbol{A}$ 相乘后会完全改变特征向量的尺度，例如近邻节点多的节点聚合后的特征取值更大。图矩阵 $\boldsymbol{A}$ 归一化使 $\boldsymbol{A}$ 的每一行的行和为 1，比如

$$\boldsymbol{D}^{-1}\boldsymbol{A} \tag{6-3}$$

其中，$\boldsymbol{D}$ 是 $\boldsymbol{A}$ 的度（Degree）矩阵，有 $D_{ii} = \sum_{j} A_{ij}$。这样与归一化矩阵 $\boldsymbol{D}^{-1}\boldsymbol{A}$ 相乘就完成了对邻接节点特征的平均。而实际上，我们一般使用对称归一化，即

$$\boldsymbol{D}^{-\frac{1}{2}}\boldsymbol{A}\boldsymbol{D}^{-\frac{1}{2}} \tag{6-4}$$

结合加环操作和归一化操作，可以得出由 Kipf 和 Welling[86] 定义的标准的基于空间的图卷积方法。Kipf 和 Welling 给出图卷积网络的前向传播规则如下：

$$\boldsymbol{H}^{(l+1)} = \sigma(\widetilde{\boldsymbol{D}}^{-\frac{1}{2}}\widetilde{\boldsymbol{A}}\widetilde{\boldsymbol{D}}^{-\frac{1}{2}}\boldsymbol{H}^{(l)}\boldsymbol{W}^{(l)}) \tag{6-5}$$

其中，$\widetilde{\boldsymbol{A}} = \boldsymbol{A} + \boldsymbol{I}$，$\boldsymbol{I}$ 是个单位矩阵，$\widetilde{D}_{ii} = \sum_{j}\widetilde{A}_{ij}$ 是度矩阵，$\boldsymbol{H}^{(l)}$、$\boldsymbol{H}^{(l+1)}$ 分别是第 l 和 $l+1$ 个隐层的输出，且 $\boldsymbol{H}^{(0)} = \boldsymbol{X}$。此外，$\boldsymbol{W}^{(l)}$ 是第 l 层的可训练权重矩阵，σ 是激活函数。

图 6.1 给出图卷积网络的基本框架，其中网络输入端不同灰度表示不同样本，点与点之间连线表示样本间的连接关系，输出端以不同灰度表示分类结果，即不同类别。

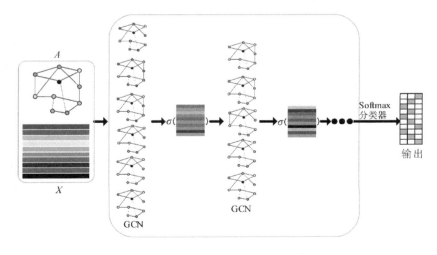

图 6.1　图卷积网络基本框架

6.2 基于图卷积网络的分类方法

6.2.1 空间信息的利用

多极化 SAR 分类任务的关键在于特征提取，而空间信息的利用能有效提升提取的特征性能。目前，基于张量分解和基于卷积神经网络的多极化 SAR 特征提取方法都是对多极化 SAR 数据按中心像素取其局部近邻窗口内的像素组合的方法得到规则形状的张量数据，然后将这种张量数据输入到我们设计好的算法中进行训练，完成中心像素特征的提取，进而实现后续分类任务。这种提取规则形状局部近邻块的方法容易操作，使用也很普遍，且对于大多数多极化 SAR 数据均取得了不错的成效。但是，多极化 SAR 图像中存在局部中的混杂现象，即在一个局部区域内存在多种地物。这种现象的存在会影响常规的多极化 SAR 张量模型方法，会出现得到的张量数据中存在多种类型地物的极化特征，因此，这不能提升中心像素提取特征的性能，甚至对其产生干扰。

与传统 CNN 中的卷积操作不同，图卷积是定义在任意形状近邻空间上的一种卷积操作，因此通过适当的构图方法，可以有效避开混杂区域，选择任意形状区域内近邻像素来作为空间特征提升中心像素点提取的性能。因此，可以使用图卷积网络来完成特征提取并实现多极化 SAR 地物分类。同样的，对于多极化 SAR 数据进行标注是非常耗费时间和人力的，所以我们使用图卷积网络，设计了一种半监督分类方法。

设 $X = \{x_1, x_2, \cdots, x_N\}$ 为多极化 SAR 数据特征，$x_n \in \mathbf{R}^d$，$n = 1, 2, \cdots, N$ 表示单个像素特征，N 是多极化 SAR 样本像素总个数，并记各像素在多极化 SAR 图像中对应坐标为 (r^i, c^i)，$i = 1, 2, \cdots, N$。则特征 x_i 和 x_j 之间的欧式距离可以定义为

$$d_E(x_i, x_j) = \parallel x_i - x_j \parallel_2 \qquad (6-6)$$

而特征 x_i 和 x_j 在坐标上的切比雪夫距离可以定义为

$$d_C(x_i, x_j) = \max(|r^i - r^j|, |c^i - c^j|) \qquad (6-7)$$

我们希望获取的像素的近邻元素是特征上相似、空间上尽可能分离的，以此尽可能获取多极化 SAR 数据全局范围内的近邻元素。因此使用切比雪夫距离对欧式距离进行加权，得到特征 x_i 和 x_j 之间空间加权距离为

$$d(x_i, x_j) = \Big(\log(d_C(x_i, x_j))\Big) \cdot d_E(x_i, x_j) \qquad (6-8)$$

其中 • 表示元素乘积。

根据上面的定义并参考文献[104]，可以计算所有样本之间的相似性来构造输入数据的图矩阵 $A \in \mathbf{R}^{N \times N}$，距离较远的像素之间相似性较小，于是图矩阵 A 具体构造方法为

$$A_{ij} = \begin{cases} \exp\left(-\dfrac{d^2(x_i, x_j)}{\delta_i \delta_j}\right), & x_j \in N_K(x_i) \\ 0, & x_j \notin N_K(x_i) \end{cases} \tag{6-9}$$

其中，$N_K(x_i)$ 表示 x_i 的 K 个近邻，δ_i 是 x_i 对应的缩放因子，其定义如下：

$$\delta_i = d(x_i, x_i^K) \tag{6-10}$$

其中，x_i^K 表示 x_i 的第 K 个近邻。

6.2.2　融合空间信息的图卷积网络分类方法

我们考虑用三层 GCN 与对称相似度图矩阵 A 在多极化 SAR 数据上来完成半监督分类任务。首先在预处理阶段计算 $\hat{A} = \widetilde{D}^{-\frac{1}{2}} \widetilde{A} \widetilde{D}^{-\frac{1}{2}}$。前向模型可以简单表示如下：

$$Z = f(X, A) = \mathrm{Softmax}(\hat{A}\, \mathrm{PReLU}(\hat{A}\, \mathrm{PReLU}(\hat{A} X W^{(0)}) W^{(1)}) W^{(2)})$$
$$\tag{6-11}$$

其中，$W^{(0)}$，$W^{(1)}$，$W^{(2)}$ 为可学习权重矩阵。Softmax 激活函数定义为

$$\mathrm{Softmax}(x_i) = \frac{1}{Z} \exp(x_i)$$

$$Z = \sum_i \exp(x_i)$$

PReLU[105]激活函数定义为：$\mathrm{PReLU}(x) = \max(\alpha x, x)$，$\alpha$ 是可学习的参数。

对于半监督分类，可以评估所有标记样本上的交叉熵损失为

$$L = -\sum_{l \in Y_L} \sum_{f=1}^{C} Y_{lf} \ln Z_{lf} \tag{6-12}$$

其中，Y_L 是标记样本的索引集合，C 是类别数。

无标记样本类别预测结果 $\hat{y}$ 可由图卷积网络最后一层节点表示，给出如下：

$$\hat{y} = \underset{f}{\mathrm{argmax}} Z_f \tag{6-13}$$

该网络的权重矩阵 $W^{(0)}$、$W^{(1)}$、$W^{(2)}$ 可由梯度下降训练得到。本章提到的每次训练迭代过程，我们均使用了所有数据实现全批量梯度下降完成图卷积网络的训练。

本节算法步骤如表 6.1 所述。

表 6.1　融合空间信息的图卷积网络用于多极化 SAR 分类步骤

输入	多极化 SAR 特征：$X \in R^{N \times M}$；部分标记样本标记信息：$Y_L = \{y_1, y_2, \cdots, y_L\}$，$L$ 是标记样本个数；像素点坐标：$\{(r^i, c^i)\}_{i=1}^{N}$
输出	无标记样本标记信息：$Y_U = \{y_{L+1}, \cdots, y_N\}$
步骤 1	根据式(6-6)~式(6-10)构造图矩阵 A
步骤 2	根据式(6-5)、式(6-11)和式(6-12)搭建图卷积神经网络模型
步骤 3	将样本的特征矩阵 X 和图矩阵 A 输入网络并根据式(6-11)、式(6-12)计算标记样本交叉熵损失
步骤 4	训练：采用 BP 算法并使用全批量梯度下降训练网络参数得到合适的权重矩阵 $W^{(0)}$、$W^{(1)}$、$W^{(2)}$
步骤 5	测试：根据训练得到的权重矩阵 $W^{(0)}$、$W^{(1)}$、$W^{(2)}$ 及式(6-13)，计算如式(6-11)所示前向模型和计算未标记样本的 Softmax 值进行类别预测

6.3　图卷积网络的快速分类方法

与归纳学习一样，直推式学习的训练集同样包含有标记样本和无标记样本，而且直推式学习需要完成训练集中无标记样本的预测任务。而用直推式学习来实现半监督图卷积网络需要所有样本构成的样本的特征矩阵 X 和描述所有有标记样本与无标记样本之间关系的图矩阵 A。对于大图上的分类任务因为占用内存和计算开销非常大，训练时间会非常漫长，例如对于美国 San Francisco 地区的多极化 SAR 数据，其分类任务需要完成百万级像素点的类别预测，如果不采用一些减小内存消耗、加速计算的办法，会出现训练过慢，甚至内存溢出无法完成训练的现象。

6.3.1　图卷积网络的理解

图卷积网络是一种结构化学习方法，其中结构信息由图矩阵 A 描述。而由 Kipf 和 Welling 开发的图卷积模型是目前图表示学习上最成功的卷积模型之一，其前向传播规则已由式(6-5)给出。作为基于空间的图卷积网络，该方法通过聚合近邻节点的信息，直接在图结构上执行卷积。因此，如图 6.2 所示，对图卷积网络前向传播规则进行分解，可以发现图卷积层实际上对上一层输入特征做了两个操作。

（1）通过图卷积操作得到新的特征矩阵 $\widetilde{H}^{(l)}$：

$$\widetilde{H}^{(l)} = \hat{A} H^{(l)} \tag{6-14}$$

其中，$\hat{A} = \tilde{D}^{-\frac{1}{2}} \tilde{A} \tilde{D}^{-\frac{1}{2}}$，$\tilde{A} = A + I$ 是图矩阵重正则后的图矩阵。

（2）将生成的新的特征矩阵 $\tilde{H}^{(l)}$ 作为全连接层的输入得到：

$$H^{(l+1)} = \sigma(\tilde{H}^{(l)} W^{(l)}) \qquad (6-15)$$

其中，$W^{(l)}$ 是第 l 层权重矩阵，$\sigma(\cdot)$ 表示激活函数。

操作（1）对图矩阵 A 重正则后，对每一个节点聚合来自其近邻节点的信息。而操作（2）完成了节点特征的非线性变换，以提取更有效的特征。因此图卷积网络可以视为通过上述两个操作完成输入数据上特征的迭代聚合。

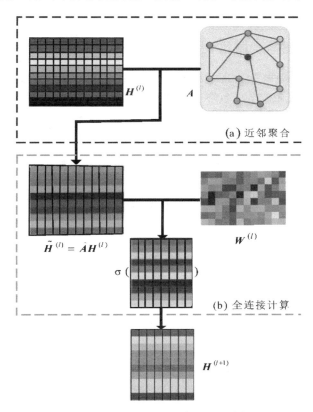

图 6.2　图卷积网络前向传播规则分解图

6.3.2　直推式学习

本章中的基于图卷积网络半监督分类算法是一种直推式学习。在半监督学习中，训练样本只包含一部分标记样本。因此，半监督分类算法需要实现在新的测试样本（不包含在训练样本中）上的预测能力，或者在训练样本中无标记样本上的预测能力。前者被称为归纳式半监督学习(Inductive Semi-supervised Learning),后者被称为直推式学习(Transductive Learning)。下面具体介绍一下直推式学习。

对于给定训练样本:$\{(x_i, y_i)\}_{i=1}^{l}$,$\{x_j\}_{j=1}^{l+u}$,其中 l 是有标记样本个数,u 是无标记样本个数。直推式学习训练出训练集到标签的映射函数 $f: X^{l+u} \; Y^{l+u}$,并且期望函数 f 在无标记样本 $\{x_j\}_{j=1}^{l+u}$ 上有很好的预测能力。注意到,f 是仅定义在整个训练样本集上,不需要对训练集以外的样本进行预测。

通常直推式学习的性能比归纳式学习的更好,因为归纳式学习的性能需要泛化到其训练集以外的无标记样本上。因此,本节中,我们采用了直推式学习方法来完成多极化 SAR 数据的半监督分类任务。

6.3.3 半监督图卷积网络快速实现方法

图卷积层可以理解为由图卷积操作和全连接层组成,正如式(6-14)和式(6-15)所示。可以观察到,不管是训练阶段还是测试阶段,对于网络输入层,如果给定输入 $H^{(0)}=X$,图卷积操作 $\tilde{H}^{(0)}=\hat{A}H^{(0)}$ 不会改变。这意味着网络训练中反向传播时,链式求导最后一步中,对应于 $W^{(0)}$ 的导数是不会改变的,即 $\hat{A}H^{(0)}$。因此,可以把该图卷积操作放在网络的预计算阶段,并修改图卷积网络输入层为全连接层。训练中,迭代次数较大时,可以大大减少计算资源。

图卷积网络的预计算阶段需要完成如下两步操作:

(1) 图矩阵 A 的重正则化:

$$\tilde{A}=A+I$$
$$\hat{A}=\tilde{D}^{-\frac{1}{2}}\tilde{A}\tilde{D}^{-\frac{1}{2}} \tag{6-16}$$

(2) 输入层的图卷积操作:

$$\tilde{H}^{(0)}=\hat{A}H^{(0)} \tag{6-17}$$

其中,$H^{(0)}=X\in R^{N\times D}$,$\hat{A}\in R^{N\times N}$,$\tilde{H}^{(0)}\in R^{N\times D}$,因此输入层的权重矩阵 $W^{(0)}\in R^{D\times D^{(1)}}$,$D^{(1)}$ 表示网络第一层特征维数。

在图卷积网络中,中间层同样完成图卷积和全连接的功能。考虑到输入层已经完成了每个节点的近邻信息聚合,包括无标记样本所在节点的近邻信息聚合。那么网络第一层输入特征 $H^{(1)}$ 中既包含标记样本的信息,也包含无标记样本的信息。因此,我们考虑在第一层的两个阶段开始减小图矩阵规模。

1. 训练阶段

假设标记样本在特征矩阵 X 中的索引为 $Idx^{\text{labeled}}=[Idx_1, Idx_2, \cdots, Idx_l]$,其中 $Idx_i, i=1, \cdots, l$ 是单个表示标记样本所在索引,l 表示标记样本个

数。在图矩阵 $\boldsymbol{A}$ 中按标记样本索引提取一个较小规模图矩阵为

$$\hat{\boldsymbol{A}}_1^{\mathrm{labeled}} = \hat{\boldsymbol{A}}[Idx^{\mathrm{labeled}}, :] \tag{6-18}$$

其中 $\hat{\boldsymbol{A}}_1^{\mathrm{labeled}} \in \mathbf{R}^{l \times N}$，$l$ 表示标记样本个数。可以发现图矩阵 $\hat{\boldsymbol{A}}_1^{\mathrm{labeled}}$ 描述了有标记样本与无标记样本之间的近邻关系。由于本章同样是完成一种半监督学习任务，有标记样本的个数远远小于无标记样本个数，因此图矩阵 $\hat{\boldsymbol{A}}_1^{\mathrm{labeled}}$ 相对于 $\hat{\boldsymbol{A}}$ 小得多。

根据图卷积网络前向传播规则，如式(6-5)所示，网络第一层输出或者说网络第二层输入 $\boldsymbol{H}^{(2)}$ 计算如下：

$$\boldsymbol{H}^{(2)} = \sigma(\hat{\boldsymbol{A}}_1^{\mathrm{labeled}} \boldsymbol{H}^{(1)} \boldsymbol{W}^{(1)}) \tag{6-19}$$

其中权重矩阵 $\boldsymbol{W}^{(1)} \in \mathbf{R}^{D^{(1)} \times D^{(2)}}$，因此网络第一层输出 $\boldsymbol{H}^{(2)} \in \mathbf{R}^{l \times D^{(2)}}$，$D^{(2)}$ 是第二层输入特征维数。

特征前向传播经过第一层后得到网络第二层输入特征 $\boldsymbol{H}^{(2)}$，由于图卷积 $\hat{\boldsymbol{A}}$ 和 $\hat{\boldsymbol{A}}_1^{\mathrm{labeled}}$ 在图卷积中的作用，节点之间已经产生了信息的交互，$\boldsymbol{H}^{(2)}$ 中包含了有标记样本从其无标记近邻样本聚合而来的信息。进一步减小图矩阵规模，可得到图矩阵 $\hat{\boldsymbol{A}}_2^{\mathrm{labeled}}$ 如下：

$$\hat{\boldsymbol{A}}_2^{\mathrm{labeled}} = \hat{\boldsymbol{A}}_1[:, Idx^{\mathrm{labeled}}] \tag{6-20}$$

其中，$\hat{\boldsymbol{A}}_2^{\mathrm{labeled}} \in \mathbf{R}^{l \times l}$，同样的道理 $\hat{\boldsymbol{A}}_2^{\mathrm{labeled}}$ 规模比 $\hat{\boldsymbol{A}}_1^{\mathrm{labeled}}$ 小得多。

根据图卷积网络前向传播规则，网络第二层输出特征(第三层输入特征)如下：

$$\boldsymbol{H}^{(3)} = \sigma(\hat{\boldsymbol{A}}_2^{\mathrm{labeled}} \boldsymbol{H}^{(2)} \boldsymbol{W}^{(2)}) \tag{6-21}$$

其中，$\boldsymbol{W}^{(2)} \in \mathbf{R}^{D^{(2)} \times D^{(3)}}$，第二层输出 $\boldsymbol{H}^{(3)} \in \mathbf{R}^{l \times D^{(3)}}$，$D^{(3)}$ 是第三层输入特征维数。特别的是，图矩阵 $\hat{\boldsymbol{A}}_2^{\mathrm{labeled}}$ 也是网络第二层之后图卷积层完成的图卷积操作的图矩阵。因此，第三层之后的图卷积层前向传播形式如下：

$$\boldsymbol{H}^{(l+1)} = \sigma(\hat{\boldsymbol{A}}_2^{\mathrm{labeled}} \boldsymbol{H}^{(l)} \boldsymbol{W}^{(l)}) \tag{6-22}$$

其中，权重矩阵 $\boldsymbol{W}^{(l)} \in \mathbf{R}^{D^{(l)} \times D^{(l+1)}}$，第 l 层输出 $\boldsymbol{H}^{(l+1)} \in \mathbf{R}^{l \times D^{(l+1)}}$，$D^{(l)}$、$D^{(l+1)}$ 分别是第 l 层和第 $l+1$ 层输入特征维数。

在本章中，每次训练迭代过程中都使用了所有数据实现全批量梯度下降完成图卷积网络的训练。

2. 测试阶段

假设无标记样本在特征矩阵中的索引为 $Idx^{\mathrm{unlabeled}} = [Idx_{l+1}, Idx_{l+2}, \cdots, Idx_{l+u}]$，其中 Idx_i，$i = l+1, \cdots, l+u$ 是单个表示无标记样本所在索引，u 表示无标记样本个数。

网络第一层图矩阵 $\hat{\boldsymbol{A}}_1^{\mathrm{unlabeled}}$ 为

$$\hat{\boldsymbol{A}}_1^{\mathrm{unlabeled}} = \hat{\boldsymbol{A}}[Idx^{\mathrm{unlabeled}}, :] \tag{6-23}$$

其中，$\hat{\boldsymbol{A}}_1^{\text{unlabeled}} \in \mathbf{R}^{u \times N}$，$u$ 表示无标记样本个数。图卷积网络第一层输出（第二层输入）为

$$H^{(2)} = \sigma(\hat{\boldsymbol{A}}_1^{\text{unlabeled}} H^{(1)} W^{(1)}) \tag{6-24}$$

其中，权重矩阵 $W^{(1)} \in \mathbf{R}^{D^{(1)} \times D^{(2)}}$，因此网络第一层输出 $H^{(2)} \in \mathbf{R}^{u \times D^{(2)}}$，$D^{(2)}$ 是第二层输入特征维数。

网络第二层图矩阵 $\hat{\boldsymbol{A}}_2^{\text{unlabeled}}$ 为

$$\hat{\boldsymbol{A}}_2^{\text{unlabeled}} = \hat{\boldsymbol{A}}_1^{\text{unlabeled}} [:, Idx^{\text{unlabeled}}] \tag{6-25}$$

其中，$\hat{\boldsymbol{A}}_2^{\text{unlabeled}} \in \mathbf{R}^{u \times u}$。图卷积网络第二层输出（第三层输入）为

$$H^{(3)} = \sigma(\hat{\boldsymbol{A}}_2^{\text{unlabeled}} H^{(2)} W^{(2)}) \tag{6-26}$$

其中，$W^{(2)} \in \mathbf{R}^{D^{(2)} \times D^{(3)}}$，第二层输出 $H^{(3)} \in \mathbf{R}^{u \times D^{(3)}}$，$D^{(3)}$ 是第三层输入特征维数。

特别的是，图矩阵 $\hat{\boldsymbol{A}}_2^{\text{unlabeled}}$ 也是网络第二层之后图卷积层完成的图卷积操作的图矩阵。因此，第三层之后的图卷积层前向传播形式如下：

$$H^{(l+1)} = \sigma(\hat{\boldsymbol{A}}_2^{\text{unlabeled}} H^{(l)} W^{(l)}) \tag{6-27}$$

其中，权重矩阵 $W^{(l)} \in \mathbf{R}^{D^{(l)} \times D^{(l+1)}}$，第 l 层输出 $H^{(l+1)} \in \mathbf{R}^{u \times D^{(l+1)}}$，$D^{(l)}$，$D^{(l+1)}$ 分别是第 l 层和第 $l+1$ 层输入特征维数。

6.3.4 大规模多极化 SAR 数据上的图卷积网络

对于多极化 SAR 数据，根据式（6-2）～式（6-5），我们可以构造出网络所需图矩阵 $\boldsymbol{A}$，并按式（6-16）对其进行重正则化。

与第 4 章类似，考虑 3 层 GCN 与对称相似度图矩阵 $\boldsymbol{A}$ 在多极化 SAR 数据上来完成半监督分类任务。前向模型可以简单如式（6-11）所示。

对于半监督分类，可以评估所有标记样本上的交叉熵损失，如式（6-12）所示。

无标记样本类别预测结果 $\hat{y}$ 可由图卷积网络最后一层节点表示，如式（6-13）所示。

本节算法步骤见表 6.2。

表 6.2 图卷积网络的快速实现方法用于多极化 SAR 数据的步骤

输入	多极化 SAR 特征：$\boldsymbol{X} \in \mathbf{R}^{N \times D}$；部分标记样本标签信息：$Y_L = \{y_1, y_2, \cdots, y_L\}$，$L$ 是标记样本个数；像素点坐标：$\{(r^i, c^i)\}_{i=1}^N$
输出	无标记样本标签：$Y_U = \{y_{L+1}, \cdots, y_N\}$
步骤 1	根据式（6-2）～式（6-5）构造图矩阵 $\boldsymbol{A}$

步骤 2	预计算：(1) 根据式(6-16)重正则图矩阵得 $\hat{A}$；(2) 根据式(6-17)计算 $\widetilde{H}^{(0)}$，作为网络输入特征矩阵；(3) 根据式(6-18)、式(6-20)、式(6-23)和式(6-25)计算训练阶段和测试阶段，各图卷积层所需图卷积矩阵 $\hat{A}_1$，$\hat{A}_2$
步骤 3	根据式(6-11)、式(6-12)、式(6-20)和式(6-21)搭建图卷积神经网络模型
步骤 4	训练：采用 BP 算法并使用全批量梯度下降训练网络参数得到合适的权重矩阵 $W^{(0)}$、$W^{(1)}$、$W^{(2)}$
步骤 5	测试：根据训练得到的权重矩阵 $W^{(0)}$、$W^{(1)}$、$W^{(2)}$ 及式(6-13)计算式(6-11)所示前向模型计算无标记样本的 Softmax 值进行类别预测

6.4　实验结果与分析

为了评估本章所提出的多极化 SAR 特征提取算法的性能，我们使用了来自不同 SAR 系统的 3 个真实多极化 SAR 数据集。实验结果评估标准同第 5 章第 4 节，实验中，统计了 20 次运行后这些算法的平均性能。

我们选择了 5 种方法作为对比算法，包括卷积神经网络（CNN）、基于 Wishart RBM 的深度置信网（WDBN）、深度稀疏滤波网络（DSFN）、近邻保持的深度神经网络（NPDNN）和基于本章空间加权构图方法的标签传播方法（SWGLP）。5 种方法中，CNN 是标准的监督深度学习方法，WDBN 是无监督深度学习方法，DSFN 和 NPDNN 是半监督深度学习方法，SWGLP 是基于本章空间加权图的半监督分类方法。本章算法（SGCN）是一种用于基于图数据的半监督深度学习方法。

本章算法和对比算法基本参数设置如下：

CNN：包括两个卷积层、两个最大池化层和一个全连接层，第一个卷积层和第二个卷积层卷积核大小分别为 3×3 和 2×2，池化层池化窗口均为 2×2，全连接层大小为 500；WDBN：3 个 WRBM 堆叠，3 个隐层，节点个数分别为 25、100 和 25，学习率为 0.01；DSFN：设置了 3 层稀疏滤波网络，隐层节点数分别为 25、100 和 50，权重衰减稀疏为 3×10^{-3}；NPDNN：近邻个数 K 为 20，正则项系数 $\alpha = 1$，学习率为 0.1，隐层节点个数分别为 120、80 和 30，权重衰减 $\beta = 2 \times 10^{-4}$。SWGLP 和本章算法（SGCN）的参数是由具体数据而定，将在下文中具体介绍。

在本节中，调整所有算法中的参数以获得最佳结果。值得注意的是，对于所有实验，都是从每类地物中随机选择 1% 样本作为标记样本。本章实验的机器环境是：

CPU 参数：20 个 Intel Xeon E5 内核，主频 2.6 GHz，内存容量为 64 GB；

GPU 环境：1 个英伟达（NVIDIA）1080TI 显卡，显存容量为 11 GB；
软件环境：编程语言为 Python3.6，深度学习框架为 Pytorch1.0。

6.4.1 分类结果

1. AIRSAR 系统上的 Au-Ku 地区数据结果

Au-Ku 地区的 AIRSAR 数据是一个 L 波段四视多极化 SAR 数据，其数据细节同第 3.4 节所述，特别指出，去除无标记区域样本，该数据需要完成258 819个样本的特征提取及分类任务。它的 L 波段 Pauli RGB 图像如图 6.3(a)所示，其相应的真实地物图如图 6.3(b)所示。SWGLP 中近邻个数为 150。本章算法 LS-FGCN 具体参数设置：近邻样本个数 $K=150$，图卷积网络有 3 个隐层，节点个数分别为 64、32 和 4；优化函数为 Adam，学习率为 0.1，权重缩减系数为 5×10^{-6}，Dropout 概率为 0.5；激活函数其前两层是 PReLU，最后一层是 Softmax。

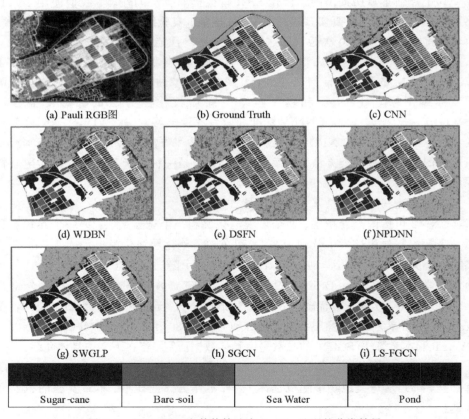

图 6.3   LS-FGCN 和其他算法在 Au-Ku 地区的分类结果

图 6.3(c)～(i)为 LS-FGCN、SGCN 和其他算法在 Au-Ku 地区数据上的分类结果图，表 6.3 列出了 LS-FGCN、SGCN 和其他算法在 Au-Ku 地区数据上的总体正确率、平均分类精度和 kappa 系数。从图 6.3(h)和图 6.3(i)可以看出 SGCN 和 LS-FGCN 均表现出了很好的视觉效果。从表 6.3 可以看出在所有算法中，SGCN 的总体正确率最高，为 92.86%，LS-FGCN 的总体正确率为91.38%，比 CNN 的总体正确率分别高出 13.32% 和 11.84%，这体现了图卷积网络对任意形状近邻空间近邻信息的利用的优势。另外，从图 6.3(b)可以看出 Au-Ku 地区的地物存在着数量上的不平衡，如 Sugar-cane(甘蔗)所占比例很小，Sea Water(海水)所占比例最大，但算法 SGCN 和 LS-FGCN 在这两类区域均取得了很好的分类效果，尤其在 Sea Water(海水)区域，其精确度明显高出其他算法，这体现出本章空间加权图描述的空间信息的利用方法，很好地缓和了这种类别上的不平衡问题，因此 SGCN 和 LS-FGCN 在该地物所在区域正确率上比其他方法高出很多，比 CNN 分别高出 19.28% 和 17.85%。正是因为 LS-FGCN 在这种类别不平衡现象下表现出的高性能，其总体正确率与其他算法拉开了明显的差距。SWGLP 分类性能仅次于 NPDNN，归功于本章所提出的空间加权相似度矩阵构造方法。

表 6.3　本章算法 LS-FGCN 和其他算法在 Au-Ku 地区的分类正确率(%)

类别	CNN	WDBN	DSFN	NPDNN	SWGLP	SGCN	LS-FGCN
Sugar-cane	96.13	95.52	96.54	96.46	**97.88**	96.39	96.14
Bare-soil	90.51	90.37	92.17	93.49	91.24	**94.80**	94.13
Sea Water	72.64	78.12	82.91	88.64	86.10	**91.92**	90.49
Pond	86.27	85.64	88.91	**91.94**	91.33	91.91	88.03
总体正确率(OA)	79.54	82.82	86.56	90.66	89.32	**92.86**	91.38
平均分类精度(AA)	86.38	87.41	90.13	92.63	91.64	**93.75**	92.19
系数(kappa)	80.06	82.96	86.53	90.50	88.83	**92.66**	91.17

2. RADARSAT-2 系统上的 San Francisco 地区数据结果

San Francisco 地区数据是 RADARSAT-2 系统采集的多极化 SAR 数据，特别指出，对于该数据，除去未标记样本，我们需要完成 1 341 917 个样本的特征提取及及分类任务。其 Pauli RGB 图像如图 6.4(a)所示，其相应的真实地物图如图 6.4(b)所示。SWGLP 中近邻个数为 300。本章算法 LS-FGCN 具体参数设置：近邻样本个数 $K=300$，图卷积网络有 3 个隐层，节点个数分别为 64、32 和 5；优化函数为 Adam，学习率为 0.05，权重缩减系数为 5×10^{-6}，Dropout 概率为 0.5；激活函数其前两层是 PReLU，最后一层是 Softmax。

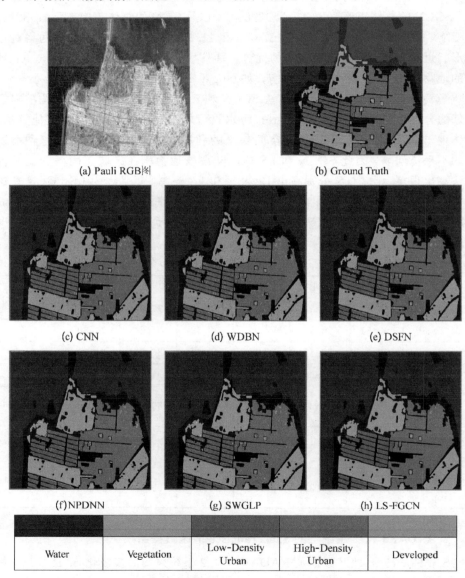

(a) Pauli RGB图

(b) Ground Truth

(c) CNN

(d) WDBN

(e) DSFN

(f) NPDNN

(g) SWGLP

(h) LS-FGCN

| Water | Vegetation | Low-Density Urban | High-Density Urban | Developed |

图 6.4 LS-FGCN 算法和其他算法在 San Francisco 地区数据的分类结果

图 6.4(c)～(h)表示本章算法、LS-FGCN 和其他算法在 San Francisco 地区数据上的分类结果图,表 6.4 列出了本章算法、LS-FGCN 和其他算法在 San Francisco 地区数据上的总体正确率、平均分类精度和 kappa 系数。从图 6.4(h)可以看出 LS-FGCN 算法表现出了最佳的视觉效果,如在 Low-density Urban(低密度城区)、High-Density Urban(高密度城区)和 Developed(开发过的地区)所在区域都可以看出。从表 6.4 中可以看出,在所有算法中,LS-FGCN 的总体正确率最高,为 99.19%,比 CNN 的高 11.46%,这体现了 LS-FGCN 对任意形状近邻空间近邻信息的利用的优势。另外,从图 6.4(b)还可以看出 San Francisco 地区地物存在数量上的不平衡,如 Low-density Urban(低密度城区)和 Developed(开发过的地区)的比例就很小,但是算法 LS-FGCN 在这两类区域均取得很好的分类效果,尤其 Low-density Urban(低密度城区)所在区域,其精确度明显高出其他算法,这体现本章空间加权图描述的空间信息的利用,很好地缓和了这种类别上的不平衡问题,因此 LS-FGCN 在该地物所在区域正确率上比其他算法高出很多,比 CNN 高出 44.85%,比 SWGLP 高出 16.43%。正是因为 LS-FGCN 在这种类别不平衡现象下表现出的高性能,其平均正确率与其他算法拉开了明显的差距,如比 CNN 高出 22.39%,比 NPDNN 高出 9.40%。SWGLP 能取得次优性能,归功于本章所提出的空间加权相似度矩阵构造方法。

表 6.4　LS-FGCN 和其他算法在 San Francisco 地区数据的分类正确率(%)

类别	CNN	WDBN	DSFN	NPDNN	SWGLP	LS-FGCN
Water	98.56	99.77	99.89	99.97	99.99	**100.0**
Vegetation	81.71	86.56	91.63	94.33	94.21	**97.56**
Low-Density Urban	53.24	50.64	69.34	76.21	81.66	**98.09**
High-Density Urban	85.03	81.72	87.78	91.23	94.73	**99.06**
Developed	62.35	65.21	74.91	84.11	**99.29**	98.16
总体正确率(OA)	87.73	88.31	92.40	94.58	96.49	**99.19**
平均分类精度(AA)	76.18	76.78	84.71	89.17	93.98	**98.57**
系数(kappa)	81.16	81.96	88.45	91.78	94.63	**99.19**

3. E-SAR 系统上的 Oberpfaffenhofen(德国)地区数据结果

Oberpfaffenhofen 地区数据是德国航空航天中心 E-SAR 系统采集的长波段、多极化 SAR 数据,图像大小为 1300×1200,包含 5 种地物:Farmland(农田)、Suburban(郊区)、Woodland(林区)、Roadland(道路)和 Other(其他开放区域)。对于该数据,我们需要完成 1 560 000 个样本的地物分类任务。Oberpfaffenhofen 地区的 Pauli RGB 图如图 6.5(a)所示,真实地物图如图 6.5(b)所

示。算法 SWGLP 中近邻个数为 300。本章算法 LS-FGCN 具体参数设置：近邻
样本个数 $K=300$，图卷积网络有 3 个隐层，节点个数分别为 64、32 和 5；优化函
数为 Adam，学习率为 0.1，权重缩减系数为 0.000 005，Dropout 概率为 0.5；激
活函数其前两层是 PReLU，最后一层是 Softmax。

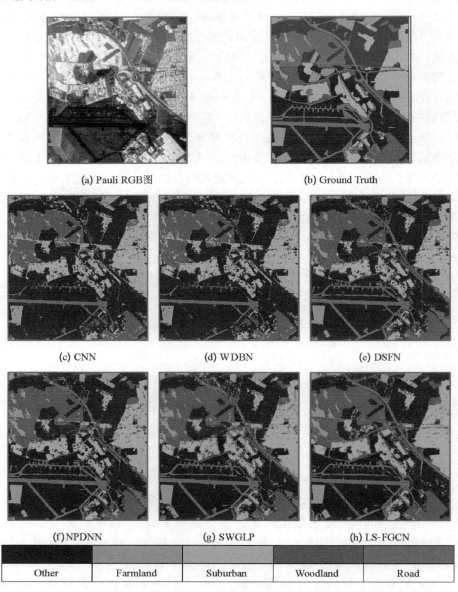

图 6.5　LS-FGCN 算法和其他算法在 Oberpfaffenhofen(德国)地区数据的分类结果

图 6.5(c)～(h)为 LS-FGCN 算法和其他算法在 Oberpfaffenhofen 地区数据上的分类结果图,从图 6.5(h)可以看出 LS-FGCN 算法表现出了最佳的视觉效果。表 6.5 列出了 LS-FGCN 算法和其他算法在 Oberpfaffenhofen 地区数据上的总体正确率、平均分类精度和 kappa 系数。由表 6.5 可以看出,在所有方法中,它的总体正确率最高,为 89.04%,比 CNN 的高 12.88%,这体现了 LS-FGCN对任意形状近邻空间近邻信息的利用的优势。另外,从图 6.5(a)和图 6.5(b)可以看出 Oberpfaffenhofen 地区地物存在严重的地物混杂现象,但是 LS-FGCN 仍取得了最佳的效果,其分类精度明显高出其他算法,这体现图卷积网络聚合任意形状近邻空间的特征,很好地缓和了这种地物混杂现象对多极化 SAR 地物分类任务的干扰,因此 LS-FGCN 在该地物所在区域分类正确率上比其他算法高出很多,其总体精度比 CNN 高出 12.88%,平均精度比 CNN 高出 20.86%。除此之外,总体分类精度 LS-FGCN 比 NPDNN 高出 3.42%。SWGLP 性能仅次于NPDNN,这说明了本章所提出的空间加权相似度矩阵构造方法的有效性。

表 6.5 LS-FGCN 算法和其他算法在 Oberpfaffenhofen(德国)地区数据的分类正确率

类别	CNN	WDBN	DSFN	NPDNN	SWGLP	LS-FGCN
Other	88.45	88.50	89.34	89.53	89.16	**92.64**
Farmland	76.34	79.96	86.08	88.00	85.75	**92.31**
Suburban	83.51	81.05	80.21	88.23	87.18	**91.05**
Woodland	36.89	41.62	53.73	69.03	70.52	**74.76**
Road	35.33	42.39	59.20	71.05	71.05	**74.03**
总体正确率(OA)	76.16	77.54	81.58	85.62	84.98	**89.04**
平均分类精度(AA)	64.10	66.71	73.71	81.17	80.73	**84.96**
系数(kappa)	66.06	67.23	73.17	79.70	78.56	**83.90**

6.4.2 算法运行时间比较

我们对算法 SWGLP、SGCN 和 LS-FGCN 的运行时间进行了统计,表 6.6给出了在 3 个数据上的统计结果。特别地,正如上一节所描述,Au-Ku 是十万级的多极化 SAR 数据,而 San Francisco 和 Oberpfaffenhofen 均是百万级的多极化SAR 数据。

表 6.6 SWGLP、SGCN 和 LS-FGCN 在 3 个不同数据上运行时间的比较

数据	构图时间 /min	分类时间/min		
		SWGLP	SGCN	LS-FGCN
Au-Ku	602.17	1.01	23.58	5.86
San Francisco	8032.46	44.99	——	33.96
Oberpfaffenhofen	215 119.53	56.07	——	43.65

注：表中"——"表示因计算资源不够，在该算法未统计出时间。

SWGLP、SGCN 和 LS-FGCN 都是基于同一图矩阵的算法，因此，我们分别对构图时间和分类时间进行了统计。可以发现，在 Au-Ku 地区数据上，LS-FGCN 算法比 SGCN 算法快很多，大概快 4.02 倍。因为本章实验环境下，在 San Francisco 和 Oberpfaffenhofen 地区数据这样的百万级多极化 SAR 数据分类任务上，SGCN 因计算资源不够，未能统计出分类时间，可见我们提出 LS-FGCN 在大规模数据上是有效的。比较算法 SWGLP 和 LS-FGCN 的分类时间，因为数据规模和计算资源的关系，我们的算法 LS-FGCN 的分类时间在 Au-Ku 地区数据上慢于算法 SWGLP 的，在 San Francisco 和 Oberpfaffenhofen 地区数据上要快于算法 SWGLP。

6.5 本章小结

直推式学习方法是实现半监督学习的方法之一，应用较为广泛，且性能较优。图卷积网络的半监督分类方法就是一种直推式学习方法，参与训练的数据包括所有的样本（即少量的标记样本和大量的无标记样本），无标记样本也是测试样本，在测试阶段需要对其进行预测。这种直推式学习方法在样本规模较小的情况下，能取得很好的效果，但是当样本规模很大时，图矩阵过大，会出现训练效率很低，训练时间很长的现象，甚至由于数据的内存占用、计算资源的过度消耗而出现内存溢出等无法完成训练的现象。

本章提出一种基于大规模数据上的图卷积网络快速实现方法（LS-FGCN）用于大尺度多极化 SAR 地物分类任务，该方法可以在训练的时候减小图数据的大小，以减小内存消耗，提高训练效率。实验中使用了 3 个真实多极化 SAR 数据，包括一个数十万级样本数据和两个百万级样本数据，通过与几种对比算法进行比较，我们发现，本章提出的图卷积网络快速实现方法能够处理大规模图数据，且能很好地、且快速地应用于大规模多极化 SAR 数据特征提取与分类任务。

参 考 文 献

[1] LEE J S, POTTIER E. Polarimetric radar imaging：from basics to applications[M]. Boca Raton：CRC press，2009.

[2] 张澄波. 综合孔径雷达原理、系统分析与应用[M]. 北京：北京科学出版社，1989.

[3] 迈特尔. 合成孔径雷达图像处理[M]. 北京：电子工业出版社，2013.

[4] 匡纲要. 合成孔径雷达[M]. 长沙：国防科技大学出版社，2007.

[5] European Space Agency. Input Data Source：Spaceborne Missions [J/OL]. http://earth. esa. int/polsarpro/input_spave. html [2009-04-12].

[6] 邹同元. 多极化 SAR 图像分类技术研究[D]. 武汉：武汉大学，2009.

[7] 魔特. 极化雷达遥感[M]. 北京：国防工业出版社，2008.

[8] GUISSARD A. Mueller and Kennaugh matrices in radar polarimetry [J]. IEEE Transactions on Geoscience & Remote Sensing，1994，32（3）：590-597.

[9] 肖顺平，王雪松，代大海. 极化雷达成像处理及应用[M]. 北京：北京科学出版社，2013.

[10] TU S T, CHEN J Y, YANG W, et al. Laplacian eigenmaps-based polarimetric dimensionality reduction for SAR image classification [J]. IEEE Transactions on Geoscience and Remote Sensing，2012，50(1)：170-179.

[11] HUYNEN J R. Phenomenological theory of radar targets [J]. Electromagnetic Scattering，1978：653-712.

[12] FREEMAN A, DURDEN S L. A three-component scattering model for polarimetric SAR data [J]. IEEE Transactions on Geoscience and Remote Sensing，36，（3）：963-973，1998.

[13] YAMAGUCHI Y, MORIYAMA T, ISHIDO M. Four-component scattering model for polarimetric SAR image decomposition [J]. IEEE Transactions on Geoscience and Remote Sensing，2005，43（8）：1699-1706.

[14] CLOUDE S R, POTTIER E. A review of target decomposition theorems

in radar polarimetry [J]. IEEE transactions on geoscience and remote sensing, 1996, 34(2): 498-518.

[15] VANZYL J J. Application of Cloude's target decomposition theorem to polarimetric imaging radar data [J]. Proceedings of SPIE - The International Society for Optical Engineering, 1993: 184-191.

[16] CAMERON W L, RAIS H. Conservative polarimetric scatterers and their role in incorrect extensions of the cameron decomposition [J]. IEEE Transactions on Geoscience and Remote Sensing, 2006, 44 (12): 3506-3516.

[17] CLOUDE S R, POTTIER E. An entropy-based classification scheme for land applications of polarimetric SAR [J]. IEEE Transactions on Geoscience and Remote Sensing, 1997: 35: 68-78.

[18] LEE J S, GRUNES M R, Ainsworth T L, et al. Unsupervised classification using polarimetric decomposition and the complex Wishart classifier [J]. IEEE Transactions on Geoscience and Remote Sensing, 1999, 37 (5):2249-2258.

[19] FERRO-FAMIL L, POTTIER E, LEE J S. Unsupervised classification of multi-frequency and fully polarimetric SAR images based on the H/A/Alpha-Wishart classifier[J]. IEEE Transactions on Geoscience and Remote Sensing, 2001, 39(11): 2332-2342.

[20] LEE J S, GRUNES M R, POTTIER E. Unsupervised terrain classification preserving polarimetric scattering characteristics [J]. IEEE Transactions on Geoscience and Remote Sensing, 2004, 42(4): 722-731.

[21] ERSAHIN K, CUMMING I G, WARD R K. Segmentation and classification of polarimetric SAR data using spectral graph partitioning [J]. IEEE Transactions on Geoscience and Remote Sensing, 2010, 48(1): 164-174.

[22] KIM K, HIROSE A. Unsupervised fine land classification using quaternion autoencoder-based polarization feature extraction and self-organizing mapping [J]. IEEE Transactions on Geoscience and Remote Sensing, 2018, 56(3): 1839-1851.

[23] ZHONG N, YANG W, CHERIAN A, et al. Unsupervised classification of polarimetric SAR images via riemannian sparse coding [J]. IEEE Transactions on Geoscience and Remote Sensing, 2017, 55 (9):

5381-5390.

[24] FUKUDA S, HIROSAWA H. Support vector machine classification of land cover: application to polarimetric SAR data [C]. IEEE International Geoscience & Remote Sensing Symposium. IEEE, 2001.

[25] LARDEUX C, FRISON P L, Tison C. Support Vector Machine for Multifrequency SAR polarimetric data classification [J]. IEEE Transactions on Geoscience and Remote Sensing, 2009, 47(12): 4143-4152.

[26] MAGHSOUDI Y, COLLINS M J, LECKIE D G. Radarsat-2 polarimetric SAR data for boreal forest classification using SVM and a wrapper feature selector [J]. IEEE Journal of Selected Topics in Applied Earth Observations and Remote Sensing, 2013, 6(3): 1531-1538.

[27] SHE X, YANG J, ZHANG W. The boosting algorithm with application to polarimetric SAR image classification [C]. asian & Pacific Conference on Synthetic Aperture Radar, 2007: 779-2010.

[28] ZOU T, YANG W, DAI D. Polarimetric SAR image classification using multi-features combination and extremely randomized clustering forests [J]. EURASIP Journal on Advances in Signal Processing, 2010: 1-10.

[29] HUANG X, QIAO H, ZHANG B. Supervised polarimetric SAR image classification using tensor local discriminant embedding [J]. IEEE Transactions on Image Processing, 2018, 27(6): 2966-2979.

[30] ZHANG L, SUN L, ZOU B. Fully polarimetric SAR image classification via sparse representation and polarimetric features [J]. IEEE Journal of Selected Topics in Applied Earth Observations and Remote Sensing, 2015, 8(8): 3923-3932.

[31] ZHOU Y, WANG H, XU F. Polarimetric SAR image classification using deep convolutional neural networks [J]. IEEE Geoscience and Remote Sensing Letters, 2016, 13(12): 1935-1939.

[32] HUA W, WANG S, LIU H, et al. Semi-supervised PolSAR image classification based on improved co-training [J]. IEEE Journal of Selected Topics in Applied Earth Observations and Remote Sensing, 2017, 10 (11): 4971-4986.

[33] WEI B, YU J, WANG C, et al. PolSAR image classification using a semi-supervised classifier based on hypergraph learning [J]. Remote Sensing Letters, 2014, 5(4): 386-395.

[34] LIU H，ZHU D，YANG S，Hou B，et al. Semi-supervised feature extraction with neighborhood constraints for polarimetric SAR classification [J]. IEEE Journal of Selected Topics in Applied Earth Observations and Remote Sensing，2016，9(7)：3001-3015.

[35] HOU B，WU Q，WEN Z，et al. Robust semi-supervised classification for PolSAR image with noisy labels [J]. IEEE Transactions on Geoscience & Remote Sensing，2017，99:1-16.

[36] XIE W，JIAO L，HOU B，et al. PolSAR image classification via wishart-AE Model or Wishart-CAE Model [J]. IEEE Journal of Selected Topics in Applied Earth Observations & Remote Sensing，2017，10(8):3604-3615.

[37] LIU H，MIN Q，Sun C，et al. Terrain classification with polarimetric SAR based on deep Sparse Filtering Network [C]. IEEE International Geoscience and Remote Sensing Symposium，2016：64-67.

[38] HOU B，KOU H，JIAO L，et al. Classification of polarimetric SAR images using multilayer autoencoders and superpixels [J]. IEEE Journal of Selected Topics in Applied Earth Observations and Remote Sensing，2016，9(7)：1-10.

[39] LIU M，HU Y，WANG S，et al. Fully convolutional semi-Supervised gan for PolSAR classification [C]. IGARSS 2018-2018 IEEE International Geoscience and Remote Sensing Symposium. IEEE，2018：621-624.

[40] LIU H，YANG S，GOU S，ZHU D，et al. Polarimetric SAR feature extraction with neighborhood preservation-based deep learning [J]. IEEE Journal of Selected Topics in Applied Earth Observations and Remote Sensing，2016，10(4):1456-1466.

[41] XIE H，WANG S，LIU K，et al. Multilayer feature learning for polarimetric synthetic radar data classification [C]. IEEE International Geoscience and Remote Sensing Symposium，2014：2818-2821.

[42] LEE J S，GRUNES M R，KWOK R. Classification of multilook polarimetric SAR imagery based on complex Wishart distribution [J]. International Journal of Remote Sensing，1994，15(11)：2299-2311.

[43] JIQUAN N，WEI K P，et al. Sparse filtering [J]. Advances in Neural Information Processing Systems，2011：1125-1133.

[44] LEE J S，GRUNES M R，GRANDI G. Polarimetric SAR speckle filtering and its implication for classification [J]. IEEE Transactions on Geo-

science and Remote Sensing, 1999, 37(5): 2363-2373.

[45] LEE J S, GRUNES M R. Classification of multi-look polarimetric SAR data based on complex Wishart distribution[C]. National Telesystems Conference, 1992: 721-724.

[46] MEMISEVIC R, ZACH C, HINTON G E, et al. Gated softmax classification [C]. Advances in Neural Information Processing Systems, 2010: 1603-1611.

[47] CHAPELLE O, WESTON J. Cluster kernels for semi-supervised learning [J]. Advances in Neural Information Processing Systems, 2003, 15: 15.

[48] WANG F, ZHANG C. Label propagation through linear neighborhoods [J]. IEEE Transactions on Knowledge and Data Engineering, 2007, 20(1): 55-67.

[49] BELKIN M, NIYOGI P, SINDHWANI. Manifold regularization: A geometric framework for learning from labeled and unlabeled examples [J]. Journal of Machine Learning Research, 2006, 7(1): 2399-2434.

[50] BEN X, MALINK J. Learning a classification model for segmentation [C]. Ninth IEEE International Conference on Computer Vision, 2003: 10-17.

[51] ZHOU Y, WANG H, XU F, et al. polarimetric SAR image classification ssing deep convolutional neural networks [J]. IEEE Geoscience and Remote Sensing Letters, 2016, 99: 1-5.

[52] GUO Y, WANG S, GAO C, et al. Wishart RBM based DBN for polarimetric synthetic radar data classification [C]. IEEE International Geoscience and Remote Sensing Symposium, 2015: 1841-1844.

[53] GUO G, WANG H, BELL D, et al. KNN model-based approach in classification [J]. Lecture Notes in Computer Science, 2003, 2888: 986-996.

[54] WEINBERGER K Q, SAUL L K. Distance metric learning for large margin nearest neighbor classification [M]. Journal of Machine Learning Research, 2009, 10(1): 207-244.

[55] GOLDBERGER J, ROWEIS S, HINTON G, SALAKHUTDINOV R. Neighbourhood components analysis [J]. Advances in Neural Information Processing Systems, 2004: 513-520.

[56] XIANG S M, NIE F P, ZHANG C S. Learning a Mahalanobis distance

metric for data clustering and classification [J]. Pattern Recognition, 2008, 41(12): 3600-3612.

[57] WEINBERGER K Q, SAUL L K. Distance metric learning for large margin nearest neighbor classification [J]. Journal of Machine Learning Research, 2009, 10: 207-244.

[58] MENSINK T, VERBEEK J, PERRONNIN F, et al. Metric learning for large scale image classification: generalizing to new classes at near-zero cost [C]. European Conference on Computer Vision. Florence, 2012: 488-501.

[59] FENG Z, JIN R, JAIN A. Large-scale image annotation by efficient and robust kernel metric learning [C]. IEEE International Conference on Computer Vision. Sydney, 2013: 1609-1616.

[60] BELKIN M, NIYOGI P, SINDHWANI V. Manifold Regularization: A Geometric Framework for Learning from Examples [J]. Journal of Machine Learning Research, 2004, 7(1): 2399-2434.

[61] SHAO Y, ZHOU Y, CAI D. Variational inference with graph regularization for image annotation [J]. Acm Transactions on Intelligent Systems and Technology, 2011, 2(2): 11.

[62] HE X, ZEMEL R, RAY D. Learning and incorporating top-down cues in image Segmentation [J]. Computer Vision, 2006: 338-351.

[63] HOIEM D, EFROS A A, HEBERT M. Geometric context from a single image [C]. Tenth IEEE International Conference on Computer Vision, 2005, 1: 654-661.

[64] LIU B, HU H, WANG H, et al. Superpixel-based classification with an adaptive number of classes for polarimetric SAR images [J]. IEEE Transactions on Geoscience and Remote Sensing, 2013, 51(2): 907-924.

[65] GOODMAN J W. Some fundamental properties of speckle [J]. Journal of the Optical Society of America, 1976, 66(66): 1145-1150.

[66] LEE J S, SCHULER D L, LANG R H, et al. K distribution for multi-look processed polarimetric SAR imagery [C]. IEEE International Geoscience and Remote Sensing Symposium, 1994, 4: 2179-2181.

[67] JIAO L, LIU F. Wishart deep stacking network for fast POLSAR image classification [J]. IEEE Transactions on Image Processing A Publication of the IEEE Signal Processing Society, 2016, 25(7): 3273-3286.

[68] TIVIVE F H C, BOUZERDOUM A. A new class of convolutional neural networks (SICoNNets) and their application of face detection [C]. International Joint Conference on Neural Networks IEEE, 2003, 3: 2157-2162.

[69] CHEN Y N, HAN C C, WANG C T, et al. The application of a convolution neural network on face and license plate detection [C]. IEEE International Conference on Pattern Recognition, 2006, 3: 552-555.

[70] JI S, YANG M, YU K. 3D convolutional neural networks for human action recognition [J]. IEEE Transactions on Pattern Analysis and Machine Intelligence, 2013, 35(1): 221-231.

[71] ACHANTA R, SHAJI A, SMITH K, et al. SLIC superpixels [J]. Epfl, 2010.

[72] KAVUKCUOGLU K, SERMANET P, BOUREAU Y L, et al. Learning convolutional feature hierarchies for visual recognition [C]. Advances in Neural Information Processing Systems, 2010, 23: 1090-1098.

[73] 张文达, 许悦雷, 倪嘉成, 等. 基于多尺度分块卷积神经网络的图像目标识别算法 [J]. 计算机应用, 2016, 36(4): 1033-1038.

[74] ROMERO A, GATTA C. Unsupervised deep feature extraction for remote sensing image classification [J]. IEEE Transactions on Geoscience and Remote Sensing, 2015, 54(3): 1349-1362.

[75] CUN Y L, JACKEL L D, BOSER B, et al. Handwritten digit recognition: applications of neural net chips and automatic learning [J]. IEEE Communications Magazine, 1989, 27(11): 41-46.

[76] RADFORD A, METZ L, CHINTALA S. Unsupervised Representation Learning with Deep Convolutional Generative Adversarial Networks [J]. Computer Science, 2015.

[77] SALIMANS T, GOODFELLOW I, ZAREMBA W, et al. Improved techniques for training gans [C]. Advances in neural information processing systems, 2016, 4: 2234-2242.

[78] SHAO H, KUMAR A, THOMAS FLETCHER P. The riemannian geometry of deep generative models [C]. Proceedings of the IEEE Conference on Computer Vision and Pattern Recognition Workshops, 2018: 315-323.

[79] ZHANG H, GOODFELLOW I, METAXAS D, et al. Self-attention generative adversarial networks [J]. arXiv preprint arXiv:1805.08318, 2018.

[80] MIYATO T, KATAOKA T, KOYAMA M, et al. Spectral normalization for generative adversarial networks [J]. arXiv preprint arXiv：1802. 05957，2018.

[81] ODENA A, BUCKMAN J, OLSSON C, et al. Is generator conditioning causally related to gan performance [J]. arXiv preprint arXiv：1802. 08768，2018.

[82] BERG R, KIPF T N, WELLING M. Graph convolutional matrix completion [J]. arXiv preprint arXiv：1706. 02263，2017.

[83] MONTI F, BRONSTEIN M, BRESSON X. Geometric matrix completion with recurrent multi-graph neural networks [C]. Advances in Neural Information Processing Systems，2017：3697-3707.

[84] YING R, HE R, CHEN K, et al. Graph convolutional neural networks for web-scale recommender systems [C]. Proceedings of the 24th ACM SIGKDD International Conference on Knowledge Discovery & Data Mining. ACM，2018：974-983.

[85] DEFFERRARD M, BRESSON X, VANDERGHEYNST P. Convolutional neural networks on graphs with fast localized spectral filtering [C]. Advances in neural information processing systems. 2016：3844-3852.

[86] GILMER J, SCHOENHOLZ S S, RILEY P F, et al. Neural message passing for quantum chemistry [C]. Proceedings of the 34th International Conference on Machine Learning-Volume 70. JMLR. org，2017，70：1263-1272.

[87] KIPF T N, WELLING M. Semi-supervised classification with graph convolutional networks [J]. arXiv preprint arXiv：1609. 02907，2016.

[88] Veličković P, CUCURULL G, CASANOVA A, et al. Graph attention networks [J]. arXiv preprint arXiv：1710. 10903，2017.

[89] GORI M, MONFARDINI G, SCARSELLI F. A new model for learning in graph domains [C]. Proceedings. 2005 IEEE International Joint Conference on Neural Networks，2005. IEEE，2005，2：729-734.

[90] SCARSELLI F, GORI M, TSOI A C, et al. The graph neural network model [J]. IEEE Transactions on Neural Networks，2009，20（1）：61-80.

[91] LI Y, TARLOW D, BROCKSCHMIDT M, et al. Gated graph sequence neural networks [J]. arXiv preprint arXiv：1511. 05493，2015.

[92] DAI H, KOZAREVA Z, DAI B, et al. Learning Steady-States of Itera-

tive Algorithms over Graphs [C]. International Conference on Machine Learning, 2018: 1114-1122.

[93] BRUNA J, ZAREMBA W, SZLAM A, et al. Spectral networks and locally connected networks on graphs [J]. arXiv preprint arXiv: 1312. 6203, 2013.

[94] HENAFF M, BRUNA J, LECUN Y. Deep convolutional networks on graph-structured data [J]. arXiv preprint arXiv: 1506. 05163, 2015.

[95] LI R, WANG S, ZHU F, et al. Adaptive graph convolutional neural networks [C]. Thirty-Second AAAI Conference on Artificial Intelligence, 2018.

[96] LEVIE R, MONTI F, BRESSON X, et al. Cayleynets: Graph convolutional neural networks with complex rational spectral filters [J]. IEEE Transactions on Signal Processing, 2017, 67(1): 97-109.

[97] HAMILTON W, YING Z, LESKOVEC J. Inductive representation learning on large graphs [C]. Advances in Neural Information Processing Systems. 2017: 1024-1034.

[98] MONTI F, BOSCAINI D, MASCI J, et al. Geometric deep learning on graphs and manifolds using mixture model cnns [C]. Proceedings of the IEEE Conference on Computer Vision and Pattern Recognition, 2017: 5115-5124.

[99] NIEPERT M, AHMED M, KUTZKOV K. Learning convolutional neural networks for graphs [C]. International conference on machine learning, 2016, 48: 2014-2023.

[100] GAO H, WANG Z, JI S. Large-scale learnable graph convolutional networks[C]. Proceedings of the 24th ACM SIGKDD International Conference on Knowledge Discovery & Data Mining. ACM, 2018: 1416-1424.

[101] ZHANG J, SHI X, XIE J, et al. Gaan: Gated attention networks for learning on large and spatiotemporal graphs [J]. arXiv preprint arXiv: 1803. 07294, 2018.

[102] KIPF T N, WELLING M. Variational graph auto-encoders[J]. arXiv preprint arXiv: 1611. 07308, 2016.

[103] DING M, TANG J, ZHANG J. Semi-supervised learning on graphs with generative adversarial nets [C]. Proceedings of the 27th ACM International Conference on Information and Knowledge Management.

ACM，2018：913-922.

[104] YU B，YIN H，ZHU Z. Spatio-temporal graph convolutional networks：A deep learning framework for traffic forecasting [J]. arXiv preprint arXiv：1709.04875，2017.

[105] ZELNIK-MANOR L，PERONA P. Self-tuning spectral clustering [C]. Advances in neural information processing systems，2005：1601-1608.

[106] HE K，ZHANG X，REN S，et al. Delving deep into rectifiers：Surpassing human-level performance on imagenet classification [C]. Proceedings of the IEEE international conference on computer vision，2015：1026-1034.

[107] LANG F，YANG J，LI D，et al. Polarimetric SAR image segmentation using statistical region merging [J]. IEEE Geoscience and Remote Sensing Letters，2014，11(2)：509-513.